Steamed buns cookbook

美姬老師的幸福手作

立體造型饅頭 寶典

全天然蔬果配方，從基礎到創意，百變技巧一應俱全！

王美姬／著

傳統中注入
創新的生命力

　　饅頭歷史深遠，數千年來都是華人餐桌不可或缺的主食，這種食物純樸自然，至今都符合每一個人對於健康養生的需求。只是傳統一般饅頭的口味平淡，外型簡單，和華麗繽紛的西式點心相比之下，完全無法抗衡。而食物最講求色、香、味俱全，色：即是外型和顏色。如果這個環節敗北，想要大家嘗試香和味的機會自然大打折扣。如何才能讓健康的傳統食物具有新風貌，讓中華傳統美食可以重新站上舞台，被更多人再次記起或接受，甚至超越只有吃飽的需求，讓我們身心都得到滿足呢？利用天然蔬果來製作立體造型饅頭的初心正是源自於此。

　　我在內蒙古出生長大，家鄉正是塞外糧倉河套平原，《明史紀事本末》云：「河套周圍三面阻黃河，土肥饒，可耕桑。」故鄉的土地是被黃河衝刷而出，所以土壤肥沃，因此，種植出來的小麥粉質一流，電影《決戰食神》中提到的河套麵粉正是出自於我的家鄉。鄉下的小麥田中有著無數的童年記憶，自己播種、拔草、收割、做窒、送去加工、看著麵粉如瀑布入袋、躲在麩皮倉中打滾……自家小麥磨成的麵粉，落到籍貫山東的麵點大師媽媽手中，隨手和一和，信手拈來，就能變化出各式各樣的手工麵點，無任何添加物的包子、饅頭、麵條、烙餅……都是一生難忘的最美滋味。

　　在台灣十幾年的生活過程中，看著眷村中製作手工饅頭外省伯伯們的凋零，傳統包子饅頭會做的人愈來愈少，想要吃到Q彈有嚼勁的道地饅頭更是難上加難。一開始，只是為了兩個孩子長大後也能記得這份媽媽味，於是開始鑽研饅頭。由於孩子挑食，對饅頭也興致缺缺，只好想著變化花樣，做出各種添加好食材的造型饅頭，沒想到，一旦投入之後，發現造型饅頭的國度真是樂趣無窮啊！只要掌握好技巧，各種造型都能幻化成真實，孩子也更能接受自己不喜愛的食材。以天然食材調色、零模具使用、無添加化學香料、絕對是好吃、好看又好玩的造型饅頭，自用送禮倆相宜，食材備料簡單，只要願意動手做，人人都是造型饅頭高手。

　　本書製作特別感謝台灣的魏艷師傅與馬來西亞的Sharon老師一起協同製作，因為你們，才能在有限的時間內做出無限美好的成品～愛你們！

以愛為名　溫暖傳遞

因為愛，願意親手製作，傳達內心祝福，

因為愛，捨不得加入任何化學添加物，

因為愛，不怕失敗，努力嘗試，做出更美味的食物，

因為愛，增添巧思，只為被愛的對象開心。

因為愛，願意再把愛分享出去～

目 錄 ┃ C o n t e n t s

Chapter 1 ┃ 從零開始！
完美的饅頭包子必須具備的各種要素

Chapter 2 ┃ 從心出發～
熟捻的技巧堆疊，都需要從基礎開始

Chapter **3** | 新手造型入門篇

Chapter 4 隨心快樂創作篇

Chapter 5 愛～分享手撕饅頭篇

如 何 使 用 本 書

① 老師對成品的心情筆記。

豐收的季節，一顆顆飽滿的玉米，用南瓜的清甜，帶出單純玉米的豐滿滋味，最後一抹茶香收尾。大地的美好，從眼裡滑入嘴裡。

② 美輪美奐的完成圖。

③ 造型饅頭的中文名稱。

④ 此款造型饅頭所需使用的工具。

⑤ 一份麵糰配方可製作的造型饅頭份量。

⑥ 各部味所需材料重量。

⑦ 材料一覽表。清楚了解所需的風味麵糰與色粉需求。

⑧ 步驟流程解說。讓製作過程更清楚不混亂。

⑨ 步驟照片。清楚解釋各步驟細節與過程。

⑩ 詳細步驟文字解說，讓您在操作過程中更能輕鬆掌握技巧。

⑪ 步驟重點說明，每個步驟的技巧提點與注意事項，讓造型更完美。

工具：擀麵棍、小刀、細毛水彩筆

香甜飽滿玉米包

製作份量
9
個

材料：

南瓜麵糰1份約490g　　抹茶粉8g
調色麵糰用牛奶5cc　　罐頭玉米粒90g
黏合用牛奶少許

求 南瓜麵糰做法請參考 P?

南瓜黃色麵糰 40g

綠色麵糰各 8g

玉米粒 10g

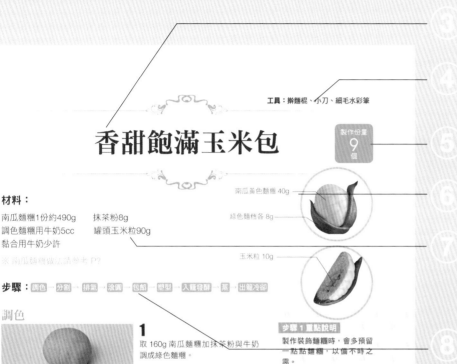

步驟： 調色 → 分割 → 排氣 → 滾圓 → 包餡 → 塑型 → 入籠發酵 → 蒸 → 出籠冷卻

調色

1
取 160g 南瓜麵糰加抹茶粉與牛奶調成綠色麵糰。

步驟 1 重點說明
製作裝飾麵糰時，會多預留一點點麵糰，以備不時之需。

分割

2
取 360g 南瓜麵糰，分割成每個 40g 共 9 個。

步驟 2 重點說明
分割完的麵糰盡速用厚塑膠袋或布蓋上，以免表面變乾燥。

3
將綠色麵糰分割成每個8g共18個；玉米粒內餡分成每份 10g 共 9 份。

步驟 3 重點說明
若塑型速度不快者，建議先將部份麵糰蓋上厚塑膠袋放入冰箱中冷藏，減緩發酵速度。

排氣→滾圓

4
取一顆分割好的南瓜麵糰先仔細進行排氣工作後，滾圓。

步驟 4 重點說明
一定要確實做好排氣與滾圓，詳細手法請參考 P32

49

Chapter 1

從零開始！

完美的饅頭包子必須具備的各種要素

饅頭製作，從了解工具開始，然後清楚基礎五大食材的各種特性，再加上風味食材、調製
天然色粉的說明，最後，手工自製美味健康內餡，完美的饅頭包子，即將誕生～～

工欲善其事
必先利其器

掌握基本工具準備，就能輕鬆做出
完美細緻的饅頭包子！

1. 電鍋或鍋子

蒸熟饅頭時必要的工具，電鍋的好處是可以將水保持溫度幫助發酵，如果使用鍋子，建議可以先將水溫加熱後，再放上蒸籠幫助發酵，但要隨時注意水溫的保持。

2. 菜刀

分割麵糰使用，通常會使用在刀切饅頭上。

3. 砧板

做為切割麵糰的墊板，通常會使用在較大的麵糰使用。

4. 刷子

較大面積需要刷上牛奶或水分時使用。

5. 擀麵棍

攪拌麵糰、擀開麵糰，或將造型饅頭需要使用麵皮造型擀扁使用。

6. 橡皮刮刀

攪拌材料及刮除殘留在器具上的材料。

7. 饅頭紙

10*10cm 及 20*20cm。造型饅頭需要放在饅頭紙上，再放入蒸籠中才不會沾黏在蒸籠上，也較不會使饅頭浸到蒸汽而影響口感，準備的饅頭紙大小至少要是滾圓後麵糰直徑的 2 倍大。

8. 剪刀

製作各種造型饅頭效果使用，例如毛茸茸的帽子、紫藤花等，是非常好用的造型工具。

9. 小刀

製做造型饅頭時，經常有較小的麵糰需要分割、切割形狀或壓出各種效果刻痕，此時，一把順手的造型小刀，可以幫助做出各種想要的造型。

10. 牙籤

做造型饅頭很重要又方便的工具，在挑起細小麵糰零件、調整角度，及各種造型使用。

11. 棒棒糖紙棍

製作棒棒糖造型及讓造型饅頭的頭部可以任意轉頭的效果。

12. 擠花嘴

製作某些圓形孔洞造型，使用擠花嘴的反面，可以俐落的切下圓形孔洞，如果家中沒有，可以找家中瓶蓋取代使用。

13. 電子秤

秤重用，因造型饅頭部分部件重量較輕，建議選購可以稱重到 0.1g 的精準電子秤。

14. 切麵板

切割及鏟起麵糰使用，有時也可以幫助做造型使用。

15. 計時器

攪拌麵糰及蒸煮饅頭時計算時間使用。

16. 小水瓶

盛裝牛奶或水，在製作調色麵糰或揉麵糰排氣滾圓收口時，經常需要使用少量的水分，此時，旁邊準備一罐小水瓶，隨時可以取用，非常方便。

17. 翻糖工具組

是很方便的切割及塑形工具。若買不到，也可以到書局購買黏土工具取代，記得使用前清洗乾淨即可。

18. 水彩筆刷

製作造型饅頭時，經常需要將各種零件先刷上牛奶幫助黏合，或是上色製造效果，此時各種大小的水彩筆非常好用，建議選購扁頭與圓頭兩種筆刷交替使用。

19. 自黏袋

製包裝成品用。

20. 塑膠手套

調製色粉及抓碎果泥時使用。

工欲善其事
必先利其器

掌握基本工具準備，就能輕鬆做出
完美細緻的饅頭包子！

21. 桌上型攪拌機

可以用來幫助攪拌麵
糰，但是一次別貪心
攪拌過多麵粉，並使
用槳狀攪拌棒。如果
家中沒有，雙手也是
萬能喔！

22. 橡膠軟墊

揉製麵糰的檯面首選
大理石，其次是不銹
鋼檯面，再來是木製
或橡膠軟墊，橡膠軟
墊好清理，也方便移
動。

23. 噴水器

麵糰表面表皮乾燥
時，可以噴少許水分
增加濕潤度。

24. 玻璃碗或鋼盆

盛裝食材或倒扣於麵
糰上，防止麵糰吹乾
結皮。

25. 蒸籠

發酵及蒸造型饅頭必
備工具。蒸造型饅頭
時，可以使用竹製蒸
籠，也可以使用鐵製
蒸籠，以兩層為限，
過高的蒸籠不但影響
發酵，也會影響饅頭
蒸熟的狀況。

26. 蒸籠棉布

如果使用的是不銹鋼
蒸籠，就必須使用蒸
籠棉布綁在鍋蓋上，
以防止蒸饅頭時，水
分滴到饅頭上，影響
成品外觀。

27. 禮盒

餽贈親友時，準備精
美裝盒後可以做為禮
物送給朋友，讓產品
更精美。

基礎五大食材

製作饅頭的五大基礎食材分別為液體、中筋麵粉、速發酵母粉、糖與油。

一、液體

牛奶、豆漿、蔬果汁、蔬果泥、純水、優格……等都可以做為溶解酵母和攪拌麵糰的液體材料，各種液體材料所揉製出來的麵糰手感都稍有差異，少分較少，揉製出來的饅頭口感較扎實，水分多一些，則饅頭口感較軟Q，不同品牌麵粉的吸水性不同，書中的配方大家也要依據自家使用的麵粉，靈活調整水分，若攪拌完成的麵糰較乾硬，則需再多加水分，若麵糰較濕黏麵糰較則需加少許麵粉。

牛奶

牛奶是天然的乳化劑，製作出的麵糰會更加柔軟 Q 彈、亮白、 伴有乳香味。本書使用的鮮乳為超市冷藏區販售的新鮮牛奶，通常有全脂及低脂，建議使用全脂鮮乳，乳脂肪會使製成的麵糰更加柔軟，香氣也較濃。鮮乳務必冷藏保存，以維持品質並可控制攪拌後的麵糰溫度。

豆漿

具有豆香味，攪拌後麵糰呈微微黃色。豆漿也被稱為植物奶，具有豆乳香氣，非常適合全素食者，加入的量可以與本書的饅頭配方中的水量以 1：1 比例置換。如採購到的豆漿已有加糖，則需適量減少配方中砂糖的用量即可。

純水

節約成本，麵糰單純具有麵香味，若所在地區自來水中的礦物質含量較高（稱為硬水），會抑制發酵，建議使用純水操作，如所在環境溫度高於 25°C，則使用冰水，溫度低於 25°C則使用常溫水即可。

優格

能讓麵糰柔軟，有微酸口感，成品 Q 彈，有延緩麵糰老化保濕的功能。可與書中的鮮奶饅頭配方中鮮奶的用量以相同份量置換，如採購到的優格有加糖，則需適量減少配方中砂糖的用量。

蔬果泥

南瓜、胡蘿蔔、綠色蔬菜、紫地瓜、紅龍果……等具有蔬果營養及香味的天然食材，製作出的饅頭會具有蔬果原色及香氣，部分水果因含有大量果膠例如紅龍果，其成品口感 Q 彈且會略有黏性。
其中若使用蔬菜的饅頭包子顏色會較使用水果的顏色穩定度略高，大部分水果蒸煮後都會褪色，原因是因為水果的顏色大部分取決於花青素，而花青素對光和熱極為敏感，因此加熱後，顏色就會褪去。這也是為什麼使用天然草莓粉揉完的麵糰剛開始是漂亮的粉紅色，蒸熟後卻只剩土黃色的原因。本書中介紹的天然食材及色粉都屬於較為穩定的顏色。

二、中筋麵粉

製作饅頭包子的主要材料，依照麵粉中蛋白質含量的不同大致分為高筋麵粉、中筋麵粉、低筋麵粉，不同蛋白質含量麵粉會攪拌出不同手感的麵糰及不同口感的成品。立體造型饅頭需要適中黏性及柔軟度適中的手感，成品口感蓬鬆 Q 彈，故使用中筋麵粉。

三、速發酵母粉

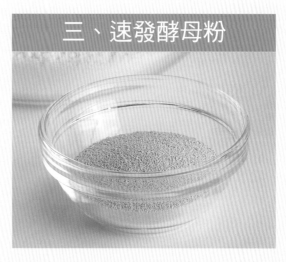

本書採用速發酵母粉，其發酵穩定，菌種單純，不需要再添加鹼性化學蓬鬆劑調整酸鹼度或助發。

四、糖

可採用細砂糖、黑糖或蜂蜜等。糖會增加甜味、風味，並增加麵糰柔軟度及供給酵母養分的作用。本書中糖的比例所製作出來的成品為微甜的口感，若喜歡原味的讀者可減糖或完全不加糖，酵母粉靠著麵粉中的糖分，一樣可以發揮作用。

五、油

橄欖油或家中任何的植物油均可。油脂有增加香氣、柔軟組織，並增加表皮光亮度的功能，橄欖油、花生油、椰子油都很推薦，不同植物油做出的成品會有油脂本身的香氣，亦可以使用奶油，但需先隔水融化成液體狀再加入。饅頭屬於自然清甜的食物，植物油更能帶出其天然的麵香味。

增加風味的食材

利用一些水分含量少的材料讓饅頭增添各種不同風味和口感。

果乾類

蔓越莓、蜜棗、無花果、葡萄乾、青提子、紅棗、桂圓、枸杞等果乾是水果乾燥而成,風味濃郁,含豐富果膠,香甜可口,即是健康小零食,很適合搭配自然原味的饅頭做為其內餡,使用前不需要泡水或酒,泡軟的果乾容易出水,揉製麵糰時也容易破爛,只要在使用前,將表皮的灰塵沖洗掉,擦乾即可。

堅果類

黑芝麻、白芝麻、杏仁等堅果可以做為表面裝飾並增添風味,如果想要香氣更加濃郁,可以將堅果磨成粉後,和麵粉一起攪拌揉成麵糰使用。

其他

包括熟玉米粒、巧克力豆、咖啡粉……等。玉米粒罐頭開罐即可使用,另外如巧克力豆也是方便取得的材料!

調製天然色粉

顏色的調製與搭配是充滿創意與美學的，
色粉多一些，顏色就深一點，少一些，就
淺一點，有些色粉會讓麵糰變得較乾硬，
再揉製時，可以適時加添加水分喔！

可可粉

栀子藍色粉

竹炭粉

芝麻粉

紫地瓜粉

栀子黃色粉

栀子綠色粉

紅麴粉

蘿蔔紅色粉

南瓜粉

抹茶粉

本書使用種類

可可粉 & 咖啡粉
可調出咖啡色麵糰。

竹炭粉
可調出黑色麵糰。

栀子黃色粉
可調出黃色的麵糰，若再加些紅麴粉則可調成橘色麵糰。

抹茶粉
可調出綠色的麵糰。

紫地瓜粉
可調出紫色的麵糰。

芝麻粉
可調出灰色的麵糰。

栀子藍色粉
可調出藍色的麵糰。

紅麴粉
可調出紅色與粉色的麵糰，稍微加牛奶調成液狀，就可以當作刷色用的腮紅顏色。

了解天然色粉

　　天然色粉有太多迷人的地方，不只是鮮豔的色澤，還有迷人的香氣及寶貴的營養，這是都是化學色素望塵莫及的，但並非所有天然食材都適合用於造型饅頭調色，例如天然草莓粉、 洛神花粉 ，這些顏色經過高溫蒸煮後都會褪色，無法達到我們希望的配色效果。

　　本書中所使用的天然色粉都是美姬老師經過實驗適合用於調色的食材，為補足天然色粉顏色不夠飽和的問題，另外使用了一樣是天然食材的天然色素做為輔助，這樣美好的顏色，每一口都可以放心吃。

　　購買天然色粉請特別留意包裝標示，有些還是會添加色素，可以選擇品質較好的無添加品牌。保存色粉不需要放冰箱，只要將色粉密封至於常溫陰涼處即可。

天然色粉調色的技巧

　　調色的原則為少量多次，色粉如果加入太多顏色或過深，口味也會太過於強烈，因每個品牌的顏色均有色差，故無法提供加入的標準份量，建議讀者先少量加入，並適時加入少許水分，邊揉邊添加至滿意的色澤，揉入顏色的手法和手洗衣服的動作一樣，盡量搓開，這樣可以加速顏色混合。

揉製色粉步驟

1
將色粉放置在麵糰中間，加入少量水分或牛奶。

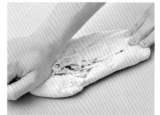

2
接著將色粉包入後，開始像洗衣服的動作一樣揉拉麵糰。

3
剛開始麵糰顏色會不均勻，請持續揉壓麵糰。

4
慢慢麵糰就會呈現出均勻的顏色。

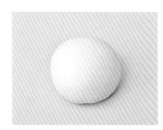

5
最後滾整均勻就是漂亮的調色麵糰囉！

進階調色技巧

使用色粉時，不一定要將色粉揉到均勻，留一些顆粒感，製造出不同的效果也很棒。

美味再升級的內餡

現成內餡好方便

現成內餡方便又省時，但要注意不要使用水分太多的內餡。

肉鬆

鬆香的肉鬆是非常簡便的葷食內餡，因為已經調味過，只需包入即可，因為有麵皮隔絕水分，加熱後口感並不會過於濕黏，口感和鬆軟的表皮非常搭。

巧克力豆

烘焙用巧克力豆遇熱後會融化為巧克力醬，就能成為滿滿可可香味的巧克力內餡，如果購買的巧克力是一般低融點巧克力，則一定要將包子封口捏牢，以免蒸製過程中爆餡。

莫札瑞拉起司絲

當作內餡的莫札瑞拉起司絲，加熱後會融化牽絲，濃郁的起司香味，外觀與內在都兼顧到了。

手作內餡真功夫

自己動手做內餡，不但健康而且風味更天然，糖可以少一點、份量可以一次多做一點，更可以發揮創意，做出屬於自家風味的內餡唷！

美姬親研桂花鳳梨餡

材料： 冰糖 100g
新鮮鳳梨（切小丁）500g
麥芽糖 50g
桂花 5g

1
將鳳梨果肉先與冰糖以小火炒至果肉顏色微微加深。

2
接著加入麥芽糖拌勻，繼續以小火炒至水分收乾。

3
起鍋前加入桂花略為拌炒。

4
裝入保鮮盒中可保存 5～7 天。

栗子餡

材料：熟栗子 300g
二砂糖 30g
沙拉油 30cc

1
市售熟栗子用調理機打成泥狀。

2
接著放入平底鍋，加入細砂糖、沙拉油。

3
開小火，拌炒至砂糖融化並混合均勻成團即可。

奶油紅豆餡

材料：紅豆 300g
細砂糖 60g
無鹽奶油 30g

1
紅豆洗淨，泡水 8 小時至紅豆漲大。

2
瀝乾後，加入約紅豆二倍量的水，放入電鍋中。

3
外鍋加 2 杯量米杯水，煮至電鍋跳起後，再燜 20 分鐘。

4
取出紅豆，放在平底鍋中，壓拌炒至水分收乾。

5
再加入糖與無鹽奶油拌炒均勻即可。

黑芝麻餡

材料： 熟黑芝麻粉 100g
細砂糖 30g
無鹽奶油 120g

1
將所有材料放至平底鍋中。

2
開小火，炒至砂糖溶解，奶油融化均勻。

3
接著取出冷卻至微溫後，用手捏成團即可。

芋泥餡

材料： 芋頭 300g
二砂糖 20g
無鹽奶油 20g

1
先將芋頭放入電鍋中，外鍋加 1 杯量米杯水蒸熟後，趁熱用叉子壓碎芋頭。

2
接著將所有材料放入平底鍋中，拌炒至奶油融化，砂糖均勻溶解。

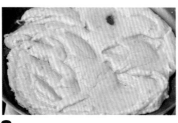

3
最後再放入調理機中攪打均勻或使用篩網過濾即可。

流沙奶皇餡

材料： 無鹽奶油 110g
鹹蛋黃 90g
卡士達粉 25g
熟綠豆沙 100g
鮮奶 225cc
細砂糖 25g
吉利丁片 20g
鮮奶油 75cc
奶粉 15g

1
無鹽奶油隔水加熱融化；吉利丁片泡冰水軟化備用。

2
鹹蛋黃先噴米酒後，放入預熱至150℃烤箱烤約 10 分鐘。

3
取出放入塑膠袋中，用擀麵棍敲碎備用。

4
接著將卡士達粉、熟綠豆沙與奶粉放入鋼盆中搓散均勻備用。

5
鍋中放入鮮奶與糖，先以小火煮至糖溶解。

6
再加入瀝乾水分的吉利丁片，並持續攪拌至均勻無顆粒狀即關火。

7
趁熱將步驟 6 沖入步驟 4 的材料中快速拌勻。

8
接著加入熟鹹蛋黃與鮮奶油拌勻。

9
最後，再分次加入融化的奶油。

10
拌勻後放入冰箱冷藏至凝固結塊。

11
取出凝固內餡，用手搓成等圓即成流沙奶皇餡。

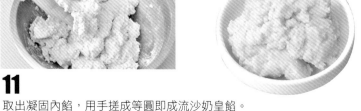

❧ Chapter 2 ❧
從心出發～
熟捻的技巧堆疊，都需要從基礎開始

先從必勝饅頭的做法開始，打好基礎才能讓接下來的造型饅頭擁有細緻的外觀。再延伸出
使用各種方式增添饅頭的色澤與風味，例如用蔬果泥取代液體，就能讓饅頭多了鮮豔的天
然色澤與風味……。

經典白饅頭百吃
不膩，想要玩造型饅
頭之前，先把 SK2 美姬
白饅頭練好，基礎打好，
自然百戰百勝。

必勝饅頭的做法

材料：

中筋麵粉 300g　　飲用水 140g
速發酵母粉 3g　　細砂糖 30g
食用油 8cc

步驟： 準備材料揉製麵糰 → 分割 → 排氣 → 滾圓 → 造型 → 入籠發酵 → 蒸 → 出籠冷卻 → 包裝

揉製麵糰

1
取一玻璃盆，先將酵母與糖放入冰水中攪拌均勻。

2
然後將麵粉與油倒入酵母水中。

3
擀麵棍攪拌麵粉，麵粉會逐漸形成雪花片狀且無水分。

4
接著取出置於工作台，用手揉壓成團，揉麵糰時，盡量用身體的力量，揉好的麵糰重量約 490g ～ 500g。

5
不斷重複壓揉麵糰動作約 10 ～ 15 分鐘後，麵糰會逐漸變得光滑。

步驟 1 重點說明

使用冰水泡酵母的原因，是因為後續揉麵糰的步驟會讓麵糰溫度上升，為了避免麵糰發酵速度太快，所以使用冰水。

步驟 3 重點說明

如此時的麵粉很濕黏，使用擀麵棍攪拌可以避免手部沾黏。

步驟 4 重點說明

用手揉時，可酌量加水約 5 ～ 10g，讓麵糰較軟好操作。此時的麵糰表面並不光滑，切開麵糰會發現麵糰組織並不密實，這是正常的狀況。

步驟 5 重點說明

此時麵糰的斷面組織看起來均勻細緻且緊實。

分割

6

將麵糰分割成每個約 55g，共 9 份。

排氣

7

取一顆分割好的麵糰，先仔細搓長條，對折成三折，再繼續仔細搓成長條，重複此動數次，讓麵糰內的空氣完全排出。

8

排氣均勻的麵糰順勢捲成蝸牛狀，然後從上往下壓扁。

9

然後將麵糰從邊緣往中心收攏壓密成圓形，此時麵糰四周及底部光滑細緻。

滾圓

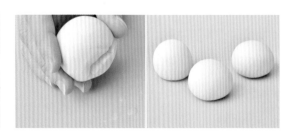

10

取一顆麵糰收口朝下，手掌側邊貼於麵糰邊，以畫圓方式，讓麵糰在手掌中滾整成圓形。

11

接著，桌面上滴少許水，將收口擺放在水上繼續滾整，幫助收口收密。

步驟 6 重點說明

分割完的麵糰盡速用厚塑膠袋或布蓋著，以免表面變乾燥。

步驟 7 重點說明

此時的質地更加光滑柔細，就像嬰兒肌膚一般。

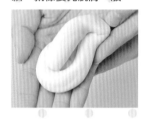

步驟 9 重點說明

此時收口並不緊密，外型也不圓。

步驟 11 重點說明

揉壓密實的完美收口會呈現緊密的肚臍狀。

造型

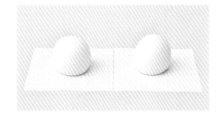

12
取一顆麵糰，置於雙手掌間，一手往前一手往後的將麵糰滾整堆高。

13
接著將滾整好的麵糰放在饅頭紙上。

入籠發酵

14
將麵糰放入蒸籠中，置於電鍋上，外鍋加水2杯量米杯水，按下加熱鍵約1分鐘，使水溫上升到40℃，再轉保溫，蓋上蒸籠蓋，發酵至麵糰比原先膨脹約1.5倍大。

蒸

15
按下開關，開始計時蒸約18分鐘。時間到關火，靜置5分鐘，再輕慢掀開鍋蓋。

出籠冷卻

16
快速放於置涼架上冷卻即可。

包裝

17
冷卻過後的饅頭，需要一顆一顆包裝，再放入冷凍保存，千萬不可以堆疊擠壓，否則很容易變形。

步驟 12 重點說明

麵糰在發酵後，會變矮變胖，因此，先將麵糰堆高一些，這樣發酵出來的麵糰就會變得飽滿圓潤。

步驟 13 重點說明

此時，還未操作的麵糰同樣使用厚塑膠袋覆蓋，千萬不可使用保鮮膜，以免發生沾黏情況，影響後續發酵。

步驟 14 重點說明

①若不確定大小，可以在發酵前先拿尺量一下麵糰的直徑，待時間到，再量一次麵糰脹大直徑，只要有原先的約1.5倍大，即表示發酵完成。

②若使用瓦斯爐蒸鍋，則將麵糰放入蒸籠中，置於加熱至40℃水溫的蒸籠上，蓋上鍋蓋，發酵至麵糰比原先膨脹約1.5倍大。

步驟 15 重點說明

若使用瓦斯爐蒸鍋，此時開中火，開始計時蒸約18分鐘。時間到關火，靜置5分鐘，再輕慢掀開鍋蓋。

步驟 16 重點說明

若成功的饅頭撕開，裡面組織細緻充實，沒有大小不均的孔洞且及富有彈性。

風味饅頭再進階

一、使用豆漿、鮮奶、優格改變風味。

作法步驟與經典白饅頭一樣，只要將水分用其他材料取代，就能創造出更多滋味豐富的饅頭囉！

經典鮮奶麵糰配方

饅頭製作簡單快速，不論是夾蛋，或是配上一碗小米粥都是一家人最溫暖的健康早餐。

材料： 牛奶 155cc　　速發酵母粉 3g　　細砂糖 30g
中筋麵粉 300g　　橄欖油 8cc

1 先將牛奶、細砂糖與酵母拌勻後，加入麵粉與橄欖油。

2 接著用擀麵棍攪拌，直到水分消失，麵粉成雪花片狀。

3 然後將麵糰移到桌面開始揉壓。

4 揉壓大約 10～15 分鐘，待麵糰呈現表面光滑且內部組織密實後，即可開始後續各種運用。

健康優格麵糰配方

使用優格具有延緩麵糰老化並有保濕作用，並且能讓製作出的饅頭口感 Q 彈。

材料： 優格 155cc　　速發酵母粉 3g　　細砂糖 30g
中筋麵粉 300g　　橄欖油 8cc

1 先將優格、細砂糖與酵母粉拌勻後，加入麵粉與橄欖油。

2 接著用擀麵棍攪拌，直到水分消失，麵粉成雪花片狀。

3 然後將麵糰移到桌面開始揉壓。

4 揉壓大約 10～15 分鐘，待麵糰呈現表面光滑且內部組織密實後，即可開始後續各種運用。

甜蜜蜜蜂蜜麵糰配方

蒸製時，就能聞到淡淡的蜂蜜香氣，甜到心坎裡卻又不膩人！

材料： 牛奶 155cc　　速發酵母粉 3g　　蜂蜜 20g
中筋麵粉 300g　　橄欖油 8cc

1
先將牛奶與酵母粉拌勻後，加入蜂蜜拌勻。

2
接著加入麵粉與橄欖油。

3
再用擀麵棍攪拌，直到水分消失，麵粉成片狀。

4
然後將麵糰移到桌面開始揉壓。

5
揉壓大約 10 ～ 15 分鐘，待麵糰呈現表面光滑且內部組織密實後，即可開始後續各種運用。

二、使用風味粉來改變味道

除了咖啡粉，也可以使用芝麻粉、堅果粉或是可可粉等來改變風味，
揉出帶有色澤的麵糰也可以用來當作調色麵糰製作造型饅頭。

提神咖啡香麵糰配方

材料： 牛奶 155cc　　速發酵母粉 3g　　細砂糖 30g
中筋麵粉 300g　　咖啡粉 8g　　橄欖油 8cc

1

先將咖啡粉與麵粉放在同一個玻璃盆內。

2

牛奶、細砂糖與酵母粉拌勻後，倒入粉類與橄欖油。

3

接著用**擀**麵棍攪拌，直到水分消失，麵粉成雪花片狀。

4

然後將麵糰移到桌面開始揉壓。

5

揉壓大約 10～15 分鐘，待麵糰呈現表面光滑且內部組織密實後，即可開始後續各種運用。

註：也可以在揉好麵糰後，才添加風味粉，因為風味粉會讓麵糰變乾，所以在操作的過程中，如果覺得麵糰變得很硬不好揉，可以添加少量的牛奶或水，來讓麵糰變軟一點。

三、使用新鮮蔬果泥來增添風味

香甜南瓜麵糰配方

使用南瓜泥製作麵糰時，麵糰一開始會較濕黏，要耐心壓揉均勻，就能做出光滑香甜的南瓜饅頭。揉製出來的麵糰呈現淡黃色，也可以取代調色麵糰，製作造型饅頭使用。

材料： 南瓜泥 155g　　速發酵母粉 3g　　細砂糖 25g
中筋麵粉 300g　　橄欖油 8cc

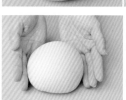

1

先將南瓜泥蒸熟後，搗成泥狀再秤重取 155g，並將所有材料放入玻璃盆中攪拌均勻。

2

接著移到桌面開始揉壓麵糰，揉壓大約 10～15 分鐘，待麵糰呈現表面光滑且內部組織密實後，即可開始後續各種運用。

註：南瓜的果肉顏色會影響麵糰顏色，因此有的會是淡黃色，有的會是淡橘色。

翠綠小白菜麵糰配方

如果不想做出太深綠色的麵糰，可以將小白菜泥的比例降低，增加水的分量，到了菠菜產季，也可以使用菠菜來取代小白菜。揉製出來的麵糰呈現深綠色，也可以取代調色麵糰，製作造型饅頭使用。

材料： 小白菜泥 110g　　　速發酵母粉 3g
　　　　 細砂糖 25g　　　中筋麵粉 300g　　　橄欖油 8cc

1
先將小白菜洗淨，再切碎。

2
接著放入果汁機中打成蔬菜泥後，取 110g 與水、砂糖和酵母粉混合均勻。

3
然後倒入麵粉與橄欖油攪拌。

4
揉壓大約 10 ～ 15 分鐘，待麵糰呈現表面光滑且內部組織密實後，即可開始後續各種運用。

紅豔豔紅龍果麵糰配方

使用天然蔬果泥，在操作的時候，麵糰會濕黏，但蒸好的口感卻會更軟 Q 且帶一點黏性，揉製出來的麵糰呈現桃紅色，也可以取代調色麵糰，製作造型饅頭使用。

材料： 紅龍果 155g　　　速發酵母粉 3g　　　細砂糖 25g
　　　　 中筋麵粉 300g　　　橄欖油 8cc

1
先將紅龍果去皮切碎。

2
接著與砂糖、酵母粉放入玻璃盆中。

3
用手捏碎並混合均勻。

4
然後倒入麵粉與橄欖油攪拌。

5
待麵粉吸收所有水分呈現雪花片狀後，即可移到工作台上進行揉壓。

6
揉壓大約 10 ～ 15 分鐘，待麵糰呈現表面光滑且內部組織密實後，即可開始後續各種運用。

視力好好胡蘿蔔麵糰配方

天然蔬果容易因為高溫而造成褐色問題，因此製作的成品不宜太大，且蒸的時候，只要大火 7 ～ 8 分鐘內就可以關火囉！

材料： 胡蘿蔔泥 155　　速發酵母粉 3g　　細砂糖 25g
　　　　中筋麵粉 300g　　橄欖油 8cc

1
先將胡蘿蔔泥與砂糖、酵母放入玻璃盆中拌勻。

2
然後倒入麵粉與橄欖油攪拌均勻。

3
然後倒入麵粉與橄欖油攪拌。

4
揉壓約 10 ～ 15 分鐘後，待麵糰呈現表面光滑且內部組織密實後，即可開始後續各種運用。

蕉香四溢麵糰配方

不須添加任何香料，就能讓饅頭飄散天然的香蕉香味。

材料： 香蕉 155g　　速發酵母粉 3g　　細砂糖 25g
　　　　中筋麵粉 300g　　橄欖油 8cc

1
先將香蕉用叉子搗成泥狀。

2
然後倒入酵母粉與糖攪拌均勻。

3
接著再加入麵粉與橄欖油攪拌均勻。

4
待麵粉吸收所有水分呈現雪花片狀後，即可移到工作台上進行揉壓大約 10 ～ 15 分鐘，待麵糰呈現表面光滑且內部組織密實後，即可開始後續各種運用。

完美包子的做法

完美包子的做法

製作份量
每顆55g約
15個

材料：

中筋麵粉 300g　　　飲用水 140g
速發酵母粉 3g　　　細砂糖 30g
食用油 8cc

內餡材料：

奶油紅豆餡 225g

※ 奶油紅豆餡做法配方請參考 P25

步驟： 準備材料揉製麵糰 → 分割 → 排氣 → 滾圓 → 包餡（造型）→ 入籠發酵 → 蒸 → 出籠冷卻 → 包裝

1
取一玻璃盆，
先將酵母與糖
泡入冰水中攪
拌均勻。

2
然後將麵粉與
油倒入酵母水
中。

3
先用擀麵棍攪拌麵粉，麵粉
會逐漸形成雪花片狀且無水
分。

4
接著取出置於工作台，運用身體的力量用手揉壓成
團，重複揉壓後麵糰重量約 490g ～ 500g 左右。

5
不斷重複壓揉麵糰動作約
10 ～ 15 分鐘後，麵糰會
逐漸變得光滑。

分割

6
將麵糰分割成每個約
35g，共 15 份。

步驟 1 重點說明

使用冰水泡酵母的原因，是因
為後續揉麵糰的步驟會讓麵糰
溫度上升，為了避免麵糰發酵
速度太快，所以使用冰水。

步驟 3 重點說明

此時的麵粉很濕黏，使用擀麵
棍攪拌可以避免手部沾黏。

步驟 4 重點說明

用手揉時，可酌量加水約 5 ～
10g，讓麵糰較軟好操作。

步驟 5 重點說明

此時麵糰的斷面組織看起來均
勻細緻且緊實。

步驟 6 重點說明

分割完的麵糰盡速用厚塑膠袋
或布蓋著，以免表面變乾燥。

排氣→滾圓

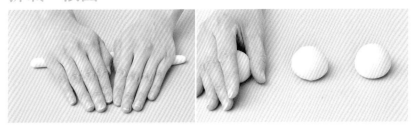

7
取一顆分割好的麵糰先仔細進行排氣與滾圓工作。

包餡

8
將滾圓的麵糰先灑少許手粉，再用手壓扁。

9
擀麵棍擀成四周薄中間厚的麵皮。

10
接著，包入 15g 奶油紅豆餡，左手拇指輕輕固定餡料，食指往前折起麵皮，再用右手將麵皮折疊捏緊，最後捏緊收口。

11

用雙手手掌將包子堆高後，放在饅頭紙上。

步驟 11 重點說明

發酵後的包子會變得矮胖，所以先將包子堆高，這樣發酵好的包子形狀才會飽滿。

入籠發酵

蒸

12

將麵糰放入蒸籠中，置於加熱至 40℃ 水溫的蒸籠鍋上，蓋上鍋蓋，發酵至麵糰比原先膨脹約 1.5 倍大。

13

開中火，開始計時蒸約 18 分鐘。時間到關火，靜置 5 分鐘，再輕慢掀開鍋蓋。

出籠冷卻

14

快速放於置涼架上冷卻即可。

步驟 12 重點說明

a 若不確定大小，可以在發酵前先拿尺量一下麵糰的直徑，待時間到後，再量一次麵糰脹大直徑，只要有原先的約 1.5 倍大，即表示發酵完成。

b 若使用電鍋，將麵糰放入蒸籠中，置於電鍋上，外鍋加水 2 杯量米杯水，按下加熱鍵約 1 分鐘使水溫上升到 40℃，再轉至開保溫，蓋上蒸籠蓋，發酵至麵糰比原先膨脹約 1.5 倍大。

步驟 14 重點說明

使用電鍋時，按下開關，開始計時蒸約 18 分鐘。時間到關火，靜置 5 分鐘，再輕慢掀開鍋蓋。

饅頭的包裝、保存、再加熱

※ 立體造型饅頭外型精美，製作費工，因此不適合傳統的數顆袋裝方式，需每一顆獨立包裝，這樣才不會被壓壞，袋子可用自黏袋或塑膠盒。

※ 食物永遠是吃新鮮最好。全書配方為天然食材，沒有任何添加物，成品冷藏可保存三天，冷凍可保存一個月。

※ 再次加熱饅頭可以用電鍋或蒸籠，冷凍饅頭無需解凍，直接放入鍋中，冷水起蒸以中火蒸約 18 分鐘後燜 3 分鐘開蓋即可。

饅頭製作小百科

自然香甜：越嚼越香甜

光滑表皮：表皮光滑柔亮無過多氣泡及塌陷

Q彈感：咀嚼會有Q彈口感

麥香氣味：靠近鼻子會聞到自然麥香氣味

細密氣孔：撥開內部氣孔細密均勻

在饅頭的製作過程中，每個的動作都是環環相扣的，每個步驟都會影響結果，因此，針對每個步驟，提供給大家更多的技巧與注意事項，讓大家都可以輕鬆做出外型飽滿，口感Q彈的饅頭包子！

準秤量好所有材料,以免製作時手忙腳亂。

開始攪拌揉製

饅頭成功的第一步就是揉製出軟硬適中的麵糰。
而想要揉製出理想的麵糰則取決於溫度與速度。

器攪拌麵糰

手持式攪拌機
馬力不足以負荷中式麵糰的硬度,所以不建議是使用,馬達容易
損壞,且攪拌過程中因麵糰過硬有勾子脫落的風險。

桌上型攪拌機
適合攪拌 300g 麵粉左右的配方,份量太多的麵糰則不適合,會
有部份麵糰攪拌不到滿出攪拌鋼,且齒輪容易故障。

落地式攪拌機
馬力強,分大小缸,適合營業用或需要攪拌較多份量的麵糰。
本書配方可使用桌上型攪拌機或落地式攪拌機的小缸攪拌。

雙手揉製麵糰
如果沒有攪拌機怎麼辦?那就回歸原始,使用萬能的雙手手揉麵糰吧!
手揉麵糰,只要準備大的鋼盆或玻璃碗以及橡皮刮刀即可,而且揉出來
的麵糰更細緻美味呢!

整型與造型

在作造型饅頭的過程中,饅頭已經開始發酵,因此,在開始進入製
作前,就應該先想清楚哪個部位應該先發酵,哪個部位需要後發
酵,依照各部位製作順序操作。

發酵

最關鍵的成功要點：如何發酵適中。

酵母菌的神奇魔力

酵母菌屬於真核微生物，在發酵麵點中擔任至關重要的角色，柔軟度及酒香味都來自於酵母菌，如何讓酵母菌乖乖發揮作用，首先要好好了解它喜歡的環境。

酵母發酵取決於兩個因素，第一是溫度，然後是溼度，兩個要素缺一不可。如果只有溫度沒有溼度，就算酵母放在溫暖的地方很久，依舊是酵母。如果溫度不足，即使濕度足夠，一樣無法發揮作用，例如將酵母至於低於3℃的冰水中。

一般酵母菌在約 30℃的溫度，繁殖力最強，如果使用專業發酵箱，可將溫度設定為 30℃，溼度約 60% 進行發酵，家庭版則使用下面敘述的溫水發酵法即可。

溫水發酵法

先在鍋中加入約 45℃左右的溫水，將蒸籠至於上方，蓋子蓋著靜置發酵，發酵時間冬季和夏季相差很大，造型饅頭因造型複雜程度不同，發酵時間亦不相同，判斷發酵的方法分為體積判斷法和觸感判斷法兩種：

體積判斷法：適合工整形狀的饅頭。例如圓形的饅頭，滾圓後可先測量圓球直徑，待麵糰發酵至 1.5 倍大小即可開始蒸製，例如：滾圓後直徑是 4cm 大小的麵糰，發酵至 4X1.5 ＝ 6cm 即可開始蒸製。

觸感判斷法：多使用在不規則造型的饅頭，透過手感觸碰麵糰後的軟硬度及彈性做判斷。發酵完成的麵糰除了體積膨脹之外，輕輕觸碰按壓應該會慢慢回彈，如果快速快彈，表示尚未發酵完全，如果無法回彈，表示已經發酵過頭了。

饅頭的發酵狀態與判斷

未發酵：做好即開始蒸，酵母尚未發生作用，麵糰表面呈黃色，成品生硬，完全是死麵的狀態。

發酵不足：發酵時間不足，酵母產氣量不夠，形成部份死麵的狀態，表皮部份為黃色，外皮凹凸不平。

解決方法：延長發酵時間，提高發酵溫度

發酵適中：發酵時間適中，酵母產氣量充足，麵糰表皮亮白平滑，觸感柔嫩，無明顯氣泡。

發酵過度：發酵時間過長，或水分過多，酵母產期量過多，形成大氣泡，麵筋結構支撐力不足，開蓋遇冷塌陷回縮，形成皺皮，內部組織粗糙的狀態。

解決方法：縮短發酵時間，降低發酵溫度

蒸熟判斷

判斷是否蒸熟可以利用

在計時器響後，可以稍微打開鍋蓋（小心注意蒸氣，別被燙傷）來判斷是否蒸熟，口訣是：壓、摸 、聞、品。

1. 輕壓會快速回彈：輕輕壓下饅頭會快速回彈。
2. 觸感光滑柔嫩：表面觸感光滑柔細。
3. 深吸自然麥香：稍微打開鍋蓋時，溢出的蒸氣會透著麥香。
4. 品味香甜回甘：取一顆撕開品嘗，應該是香甜回甘且沒有生粉味。

Chapter 3
新手造型入門篇

從簡單的開始著手，培養出熟練的技巧與自信，

接下來，就能隨心所欲創作囉！

豐收的季節，一
顆顆飽滿的玉米，用南
瓜的清甜，帶出單純玉米
的豐滿滋味，最後一抹茶
香收尾，大地的美好，
從眼裡滑入嘴裡。

香甜飽滿玉米包

南瓜黃色麵糰 40g

綠色麵糰各 8g

玉米粒 10g

材料：

南瓜麵糰1份約490g 　　抹茶粉8g
調色麵糰用牛奶5cc 　　罐頭玉米粒90g
黏合用牛奶少許

※ 香甜南瓜麵糰配方做法請參考 P36

步驟： 調色 → 分割 → 排氣 → 滾圓 → 包餡 → 塑型 → 入籠發酵 → 蒸 → 出籠冷卻

調色

1
取160g南瓜麵糰加抹茶粉與牛奶調成綠色麵糰。

步驟1重點說明
製作裝飾麵糰時，會多預留一點點麵糰，以備不時之需。

分割

2
取360g南瓜麵糰，分割成每個40g，共9個。

步驟2重點說明
分割完的麵糰盡速用厚塑膠袋或布蓋上，以免表面變乾燥。

3
將綠色麵糰分割成每個8g，共18個；玉米粒內餡分成每份10g，共9份。

步驟3重點說明
若塑型速度不快者，建議先將部份麵糰蓋上厚塑膠袋放入冰箱中冷藏，減緩發酵速度。

排氣→滾圓

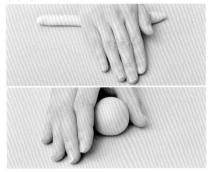

4
取一顆分割好的南瓜麵糰先仔細進行排氣工作後，滾圓。

步驟4重點說明
一定要確實做好排氣與滾圓，詳細手法請參考**P32**。

包餡

5

先將麵糰略微壓扁後，用手將麵皮中心壓成凹洞填入玉米粒，然後一邊用拇指壓入餡料，另一手虎口處慢慢施力收口。

 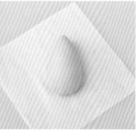

6

桌面滴少許牛奶，將麵糰收口朝下置於牛奶上，滾圓幫助收口密合。

塑型◆A 玉米

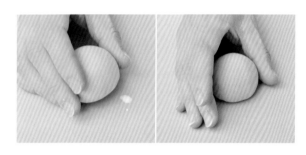

7

接著將麵糰用雙手堆擠整型成雞蛋形狀，置於饅頭紙上。

8

再使用小刀刀背輕壓出玉米格子狀。

步驟9重點說明

要注意千萬不可以用劃刀方式製作紋路，以免麵糰被劃破，導致蒸製時發生爆餡或破損狀況。

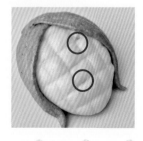

9

最後再塑型一次，讓玉米形狀更明顯。

◆B 葉子

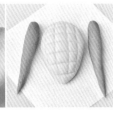

10

接著取2顆綠色麵糰，分別搓成長水滴形。

步驟10重點說明

葉子的長度要超過玉米長度，後續擀開後，做出的葉子才能有包覆感。

11

用擀麵棍壓扁，然後用小刀刀背劃出葉脈。

◆C 組合

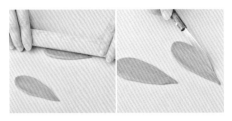

12

在葉身上抹少許牛奶，黏在玉米底端，並折出葉子曲線即成。

步驟12重點說明

每一個葉子都可以摺出自己的姿態，變成獨一無二的美麗！

入籠發酵

13

將玉米麵糰放入蒸籠中，置於加熱至40℃水溫的蒸籠鍋上，蓋上鍋蓋，發酵至麵糰比原先膨脹約1.5倍大。

蒸

14

開中火，開始計時蒸約18分鐘。時間到關火，靜置5分鐘，再輕慢掀開鍋蓋。

出籠冷卻

15

快速放於置涼架上冷卻即可。

點點與條紋一次滿足，利用擠花嘴將麵皮壓出空洞，猶如迷人的網襪，一點一點中透出浪漫氣息。

粉紅網襪雙色刀切饅頭

製作份量
10
顆

材料：

鮮奶麵糰1份約490g　　紅麴色粉1g
蘿蔔紅色粉 1g　　　　調色麵糰用牛奶 5cc
黏合用牛奶少許

※ 經典鮮奶麵糰配方做法請參考 P34

白色麵糰約15g
粉色麵糰約15g
夾心粉色麵糰約5g

步驟： 調色 → 分割 → 排氣 → 滾圓 → 塑型 → 入籠發酵 → 蒸 → 出籠冷卻

調色

1

取200g的鮮奶麵糰加入紅麴色粉、蘿蔔紅色粉與牛奶，調成粉紅色。

分割

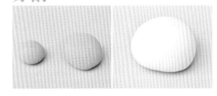

2

接著將粉紅色麵糰分為150g及50g兩份，白鮮奶麵糰取150g。

步驟2重點說明

分割完的麵糰盡速用厚塑膠袋或布蓋上，以免表面變乾燥。

排氣

3

分別將白色麵糰及兩份粉色麵糰仔細排氣。

滾圓

4

然後各別滾圓後，將麵糰用厚塑膠袋覆蓋鬆弛10分鐘。

步驟4重點說明

一定要確實做好排氣與滾圓，詳細手法請參考**P32**。

塑型◆A 螺旋紋饅頭

 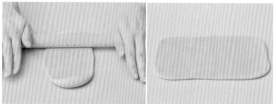

步驟5重點說明

先從麵糰中心擀薄，保留前後不擀，接著將麵糰轉**90°**，再用擀麵棍直接擀開，就可以輕鬆擀出長方形形狀。

5

將150g鮮奶麵糰用擀麵棍擀成25cmX13cm的長方形麵片。

6

接著將150g的粉色麵糰以相同方式擀成25cmX13cm的長方形麵片。

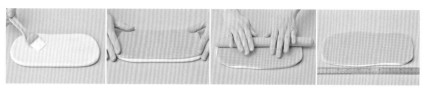

7

先在白色麵片上刷上一層牛奶，將粉色麵糰鋪貼上，然後用擀麵棍擀成30cmX16cm的長方麵片。

步驟8重點說明

為了避免黏合處發酵時產生氣孔讓成品變得不平整，所以一定要盡量擀密合。

8

接著在粉色麵皮上刷上牛奶，從較寬的一側開始盡量緊密的捲起，然後用雙手搓至約15cm粗細均勻的長條。

◆B 網襪紋路

步驟10重點說明

為了讓擀開的長度不變，請從長條左下方往右上方斜擀，這樣可以避免麵條擀開後變得更長。

9

將剩餘50g粉色麵糰搓成長條狀，擀開至可包覆步驟8麵糰的寬度。

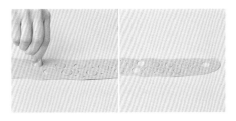

10

接著在粉色麵皮上用平口擠花嘴以正反端不同大小壓出紋路。

壓紋路時,要將擠花嘴確實的壓斷麵皮,且不需要清除多餘的紋路麵皮,只要輕輕拉起,多餘的麵皮就能清除。

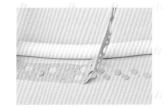

◆C 組合

11

將花紋麵皮輕輕覆蓋在預先刷好牛奶的步驟8麵糰上,再用雙手稍微滾密實。

12

使用菜刀先將麵條頭尾切除少許,再以對切方式,切出大小平均的10個麵糰。

步驟12重點說明

如果想要切口漂亮的螺旋紋更多圈的話,可在步驟9時,將麵皮擀得更薄些,讓捲起的圈數更多。

入籠發酵

13

切好的饅頭置於饅頭紙上,放入蒸籠,置於加熱至40℃水溫的蒸籠鍋上,蓋上鍋蓋,發酵至麵糰比原先膨脹約1.5倍大。

蒸

14

開中火,開始計時蒸約18分鐘。時間到關火,靜置5分鐘,再輕慢掀開鍋蓋。

步驟13重點說明

發酵後,若發酵饅頭上面有氣孔,可以使用牙籤刺破後,沾少許水抹平即可。

出籠冷卻

15

快速放於置涼架上冷卻即可。

中西合璧的咖啡
饅頭是特別為爸爸們調
配的提神配方，出爐前家
裡滿是咖啡香氣，早上就
讓這款好吃的咖啡饅頭
為辛苦的爸爸們加油
打氣！

提神咖啡豆饅頭

製作份量
24
個

材料：

提神咖啡香麵糰1份約490g

※ 提神咖啡香麵糰配方做法請參考 P36

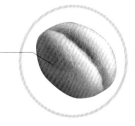

提神咖啡香麵糰約20g

步驟： 排氣 → 塑型 → 入籠發酵 → 蒸 → 出籠冷卻

排氣

1

取整份的咖啡麵糰先仔細進行排氣工作。

塑型

2

接著將麵糰滾整成高約3cm的長條，再從每3cm處，用手刀搓壓斷麵糰，成為兩端尖尖的小麵糰。

3

然後將兩端往底下捏合後，中間用刀子按壓出壓痕，即成為咖啡豆形狀。

入籠發酵

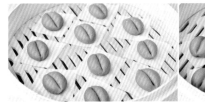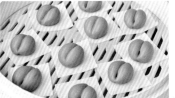

4

將咖啡麵糰放在蒸籠紙上，放入蒸籠中，置於加熱至40℃水溫的蒸籠鍋上，蓋上鍋蓋，發酵至麵糰比原先膨脹約1.5倍大。

蒸

5

開中火，開始計時蒸約18分鐘。時間到關火，靜置5分鐘，再輕慢掀開鍋蓋。

出籠冷卻

6

快速放於置涼架上冷卻即可。

步驟4重點說明

如果發酵過度，蒸出來的咖啡豆表面就會出現皺摺，而且顏色不均勻。

紫地瓜粉的色澤
優美，營養豐富，香氣
略帶果香味，裹入麵糰中
層次感優美，香氣芬芳，
富含花青素的紫地瓜捲
起的是健康與美麗。

刀切紫薯捲饅頭

材料：

鮮奶麵糰1份約490g
紫地瓜粉20g

※ 經典鮮奶麵糰配方做法請參考 P34

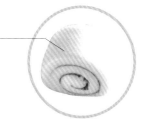
鮮奶麵糰約40g

步驟： 排氣 → 滾圓 → 塑型 → 入籠發酵 → 蒸 → 出籠冷卻

排氣→滾圓

1

將麵糰揉成細緻麵糰後仔細排氣、滾圓，用厚塑膠袋蓋上，靜製約10分鐘。

塑型

2

將鮮奶麵糰先從麵糰中心擀薄，保留前後不擀，接著將麵糰轉90°，再用擀麵棍直接擀開，用擀麵棍擀成25cmX13cm的長方形麵片。

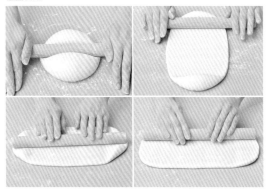

步驟2重點說明

如果想要饅頭內層的圈數更多，此時可以將麵糰擀得更薄一些。

3

將麵皮翻面，先刷上一層牛奶，然後避開四周，仔細鋪上一層紫地瓜粉。

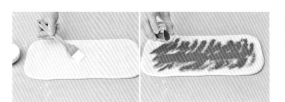

步驟3重點說明

擀開的麵糰表面如果有氣孔，可用牙籤挑破，以免發酵後中間出現大孔洞。

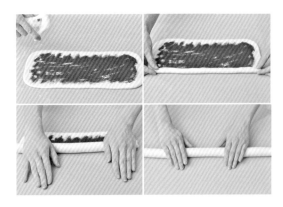

4

然後使用水槍在紫地瓜粉上均勻的噴上一層水，接著從較寬的一側開始盡量緊密的捲起，然後用雙手搓至約15cm粗細均勻的長條。

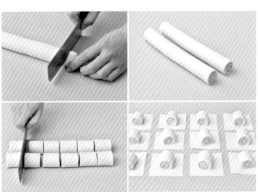

5

使用菜刀先將麵條頭尾切除少許，再以對切方式，切出大小平均約12個麵糰，再將麵糰各別放在饅頭紙上。

步驟5重點說明

如果想要切口漂亮的螺旋紋更多圈的話，可在步驟2時，將麵皮擀得更薄些，讓捲起的圈數更多。

入籠發酵

6

將麵糰放入蒸籠中，置於加熱至40℃水溫的蒸籠鍋上，蓋上鍋蓋，發酵至麵糰比原先膨脹約1.5倍大。

蒸

7

開中火，開始計時蒸約18分鐘。時間到關火，靜置5分鐘，再輕慢掀開鍋蓋。

出籠冷卻

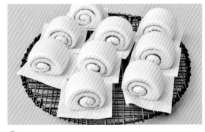

8

快速放於置涼架上冷卻即可。

紫芋刀切饅頭

天然的芋頭泥製作出來的麵糰為灰色，利用揉得不完全均勻的紫地瓜粉調色，可以打造出猶如剛剛切開的檳榔芋頭色，裡面再捲入芋頭絲，色、香、味俱全！

紫芋刀切饅頭

材料：

鮮奶麵糰1份約490g　　　紫地瓜粉30g
大甲芋頭100g

鮮奶麵糰約 45g
芋頭絲約 10g

※ 經典鮮奶麵糰配方做法請參考 P34

步驟： 分割 → 調色 → 排氣 → 滾圓 → 塑型 → 入籠發酵 → 蒸 → 出籠冷卻

分割

1

芋頭切細絲備用。

調色→ 排氣→ 滾圓

2

將鮮奶麵糰加入紫地瓜粉後，揉成粉紫色麵糰，再仔細排氣揉成細緻麵糰，接著滾圓後，用厚塑膠袋蓋上，靜置約10分鐘。

步驟2重點說明

一定要確實做好排氣與滾圓，詳細手法請參考**P32**。

塑型

3

將鮮奶麵糰先從麵糰中心擀薄，保留前後不擀，接著將麵糰轉90°，再用擀麵棍直接擀開，用擀麵棍擀成33cmX15cm的長方形麵片。

步驟4重點說明

芋頭鋪放的方向要一致，且須和捲的方向平行。

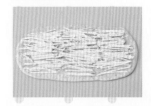

4

將麵皮翻面，刷上一層牛奶，然後避開四周，仔細鋪上一層芋頭細絲。

5

接著使用擀麵棍將芋頭絲擀壓在麵皮上，再用水槍在芋頭上均勻的噴上一層水。

步驟5重點說明

噴水是為了讓後續捲起麵糰時，麵糰能緊密的黏合在一起。

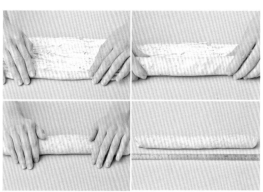

6

然後從較寬的一側開始盡量緊密的捲起，用雙手搓至約40cm長的均勻長麵糰。

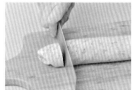

7

使用菜刀先將麵條頭尾切除少許，以對切方式，切出大小平均約10個麵糰，再將麵糰用手掌推高後，各別放在饅頭紙上。

入籠發酵

8

將麵糰放入蒸籠中，置於加熱至40℃水溫的蒸籠鍋上，蓋上鍋蓋，發酵至麵糰比原先膨脹約1.5倍大。

蒸　　　　　　　　出籠冷卻

9

開中火，開始計時蒸約18分鐘。時間到關火，靜置5分鐘，再輕慢掀開鍋蓋。

10

快速放於置涼架上冷卻即可。

灑滿陽光的午後，燦爛盛開的向日葵，帶著南瓜香甜的花瓣，搭配淡淡可可風味的花蕊，面子有了，裡子也讓人滿足～

活力陽光向日葵饅頭

製作份量
9
個

材料：

南瓜麵糰1份約490g　　可可粉約3g

調色麵糰用牛奶3cc　　刷色用可可粉少許

刷色用牛奶少許　　　黏合用牛奶少許

※ 香甜南瓜麵糰配方做法請參考 P36

棕色麵糰15g
南瓜麵糰35g

步驟： 調色 → 分割 → 排氣 → 滾圓 → 塑型 → 入籠發酵 → 蒸 → 出籠冷卻

調色

1

取150g南瓜麵糰加可可粉與牛奶調成棕色麵糰。

步驟1重點說明

製作裝飾麵糰時，會多預留一點點麵糰，以備不時之需。

分割

步驟2重點說明

分割完的麵糰盡速用厚塑膠袋或布蓋上，以免表面變乾燥。

2

將棕色麵糰分割成每個15g，共9個，剩餘的南瓜麵糰分割成每個35g，共9個。

排氣→滾圓

3

分別取一顆分割好的南瓜麵糰與棕色麵糰先仔細進行排氣。

步驟3重點說明

一定要確實做好排氣與滾圓，詳細手法請參考P32。

塑型

4

先將棕色麵糰滾圓後，直接用小刀刀背壓出格紋成為花蕊。

步驟4重點說明

用刀背壓下後，圓形麵糰會自然呈現扁圓形，所以不需要事先壓扁。

5

將南瓜麵糰搓成長條後，在接合處塗上少許牛奶，圍繞在棕色花蕊麵糰上，接合處亦塗上少許牛奶幫助黏合。

步驟5重點說明

麵糰在搓長條時，可以稍微繞一下棕色花蕊邊緣試試，長度控制在可以剛好繞一圈即可。

6

將南瓜麵糰用手掌在邊緣處稍微壓扁，並用小刀以對等方式切出32等份。

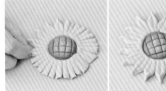

7

接著兩兩捏合成16瓣花瓣。

8

將麵糰放在饅頭紙上，並在花瓣尖端處，刷上可可液。

步驟8重點說明

只要將可可粉加水或牛奶調稀，就能當成棕色刷色使用的可可液，顏色的深淺可以依照自己的喜愛調整。

入籠發酵

蒸

9

將向日葵麵糰放入蒸籠中，置於加熱至40℃水溫的蒸籠鍋上，蓋上鍋蓋，發酵至麵糰比原先膨脹約1.5倍大。

10

開中火，開始計時蒸約18分鐘。時間到關火，靜置5分鐘，再輕慢掀開鍋蓋。

出籠冷卻

11

快速放於置涼架上冷卻即可。

以假亂真的香菇造型饅頭，吃起來有滿滿的巧克力香氣，巧妙的利用劃痕和麵糰發酵的力量，創造出猶如日本料理師傅們精心雕刻的香菇花。

森林系香菇饅頭

森林系香菇饅頭

材料：

鮮奶麵糰1份約490g　　刷色用可可粉10g

刷色用牛奶20cc

※ 經典鮮奶麵糰配方做法請參考 P34

鮮奶麵糰約35g

步驟： 分割 → 排氣 → 滾圓 → 塑型 → 入籠發酵 → 蒸 → 出籠冷卻

分割

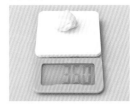

1

將鮮奶麵糰分割成每個35g，共12個。

排氣→滾圓

2

取一顆麵糰大致排氣後滾圓。

步驟1重點說明

分割完的麵糰盡速用厚塑膠袋或布蓋上，以免表面變乾燥。

步驟2重點說明

因為表皮會刷可可麵糊，所以大致排氣即可。

塑型

3

將麵糰用手掌沿四周壓扁，中間留有厚度成為香菇傘。

4

將分割後剩餘的麵糰搓成約2cm高的長條後，再用菜刀切成約2～3cm寬的短柱狀麵糰即成香菇柄。

5

將可可粉與牛奶混合均勻成可可糊。

6
用水彩筆將可可糊均勻刷在香菇傘上。

7
待可可麵糊略乾後，在香菇傘上用菜刀劃出十字或米字。

8
接著將香菇柄也刷上可可糊，並且另外放置在饅頭紙上。

香菇頭邊緣處也可以刷上可可麵糊，側放香菇也會非常逼真。麵糊厚度適中，裂紋會較自然。

入籠發酵

9
將香菇傘與香菇柄麵糰放入蒸籠中，置於加熱至40℃水溫的蒸籠鍋上，蓋上鍋蓋，發酵至麵團比原先膨脹約1.5倍大。

先劃上十字或米字，這樣發酵後的香菇就會有十字或星形的裂紋，非常好看，當然也可以發揮創意，劃出英文字母或簡單圖案！

蒸

10
開中火，開始計時蒸約18分鐘。時間到關火，靜置5分鐘，再輕慢掀開鍋蓋。

出籠冷卻

11
將香菇傘與香菇柄取出並趁熱組裝。

剛出爐的饅頭還有黏性，不需要塗抹任何東西就可以組裝。但一定要趁熱，否則涼了就無法黏合了。

12
快速放於置涼架上冷卻即可。

使用新鮮紅龍果
做成的玫瑰花饅頭，麵
糰製作時是桃紅色，蒸熟
後則成為鮮紅色，隨著時
間推移，容顏會改變，
但不變的是對你的
愛～

三生三世紅玫瑰饅頭

製作份量
8~10
朵

材料：

紅龍果麵糰1份約490g

※ 紅豔豔紅龍果麵糰做法請參考 P37

紅龍果麵糰約 50g

步驟： 分割 → 排氣 → 滾圓 → 塑型 → 入籠發酵 → 蒸 → 出籠冷卻

分割→排氣→滾圓

1

先將麵糰分成二等份，一份放入塑膠袋中封好，先放入冰箱冷藏，另一份麵糰仔細滾圓排氣後，滾整成高約2cm高的長條麵糰。

步驟1重點說明

麵糰分成兩份比較好操作，尚未操作的麵糰先放入冰箱也可以減緩發酵速度。另外，請務必要確實做好排氣與滾圓，詳細手法請參考P32。

塑型

2

將麵糰切成約2cm寬的小麵糰後，切口朝上，用手掌從切口處壓扁，約每10個小麵糰為一組做成一朵玫瑰花。

步驟2重點說明

分割完的麵糰盡速用厚塑膠袋或布蓋上，以免表面變乾燥。

3

將擀麵棍橫向由麵糰底下往上推至1/2處，再以垂直方式擀開上方1/2處，做成花瓣形狀。

步驟3重點說明

若花瓣擀太薄，蒸好後口感吃起來太韌，所以如果做出來是要食用而非觀賞，記得要保留一點厚度。

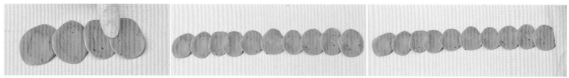

4

將10片花瓣片片堆疊壓緊成長條，接著使用擀麵棍先將頭尾的花瓣擀薄一些。

5

捲成一朵玫瑰後，將最後一片花瓣收口壓緊。

步驟5重點說明

若擔心花瓣無法黏緊，可以在底部塗抹少許牛奶。

6

先用水果刀將尾端不整齊處切除，再調整花瓣成喜歡的狀態。

入籠發酵

7

將玫瑰麵糰放在饅頭紙上，放入蒸籠中，置於加熱至40℃水溫的蒸籠鍋上，蓋上鍋蓋，發酵至麵糰比原先膨脹約1.5倍大。

步驟7重點說明

蔬果泥製作的麵糰蒸太久容易氧化變色，且每朵花瓣均已擀薄，所以時間不需要太長。

蒸

8

開中火，開始計時蒸約7～8分鐘。時間到關火，靜置5分鐘，再輕慢掀開鍋蓋。

出籠冷卻

9

快速放於置涼架上冷卻即可。

天天好心情雲朵饅頭

我們無法左右
天氣，但總可以改
變心情，妳的天空今
天飄過哪朵雲？

天天好心情雲朵饅頭

製作份量
8
朵

材料：

鮮奶麵糰1份約490　　竹碳粉0.3g

紅麴色粉0.1g　　　　調色麵糰用牛奶少許

黏合用牛奶少許

※ 經典鮮奶麵糰配方做法請參考 P34

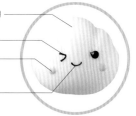

鮮奶麵糰50g

黑色麵糰約2顆紅豆大小

粉色麵糰約2顆紅豆大小

黑色麵糰少許

步驟： 調色 → 分割 → 排氣 → 滾圓 → 塑型 → 入籠發酵 → 蒸 → 出籠冷卻

調色

1

取10g鮮奶麵糰與0.3g竹炭粉；另取10g鮮奶麵糰與0.1g紅麴粉，分別加少許牛奶揉勻成黑色麵糰與粉色麵糰。

分割

2

將麵糰分割成成每個50g，共8個。

排氣→滾圓

3

將麵糰揉成細緻麵糰排氣，滾圓。

步驟1重點說明

一小部分鮮奶麵糰也可以取部分加入黑芝麻粉，揉勻後呈現灰色，就可以做出芝麻口味的烏雲！

步驟2重點說明

分割與調色完的麵糰盡速用厚塑膠袋或布蓋上，以免表面變乾燥。

塑型◆A 雲朵

4

用拇指撐住麵糰底部，再用小刀壓出四痕成為雲朵形狀後，放在饅頭紙上。

步驟3重點說明

也可以在此時包入喜歡的餡料，讓雲朵有不同口味。另外，一定要確實做好排氣與滾圓，詳細手法請參考P32。

◆B 眼睛

5

將黑色麵糰揉成紅豆大小粒狀，在雲朵眼睛位置刷上少許牛奶後，黏上成為眼睛。

◆C 嘴巴

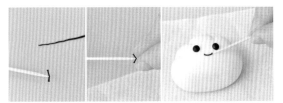

6

同樣使用黑色麵糰，先揉成極細的長條，再用小刀切一小斷。

7

先將雲朵嘴巴位置刷上牛奶後，用牙籤沾取細黑長條，以手指彎成圓弧狀後，貼於嘴巴位置。

◆D 腮紅

8

取粉色麵糰，搓出兩顆如紅豆般大小粒狀，刷少許牛奶，黏貼在腮紅位置。

入籠發酵

9

將雲朵麵糰放入蒸籠中，置於加熱至40℃水溫的蒸籠鍋上，蓋上鍋蓋，發酵至麵糰比原先膨脹約1.5倍大。

蒸

10

開中火，開始計時蒸約18分鐘。時間到關火，靜置5分鐘，再輕慢掀開鍋蓋。

出籠冷卻

11

快速放於置涼架上冷卻即可。

步驟7重點說明

運用不同的組合，就可以創作出雲朵各種可愛的表情喔！

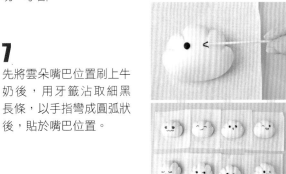

步驟8重點說明

除了腮紅之外，也可以搓成水滴狀，黏在嘴邊，再用牙籤壓出壓痕，即可變化成舌頭唷！

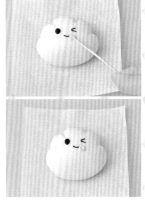

75

是哪一家的小貓喵喵叫啊？沿著貓腳印，一起和家裡的寶貝來玩偵探遊戲吧！

喵喵貓爪饅頭

材料：

鮮奶麵糰1份約490g　　紅麴色粉0.3g

調色麵糰用牛奶適量　　黏合用牛奶少許

※ 經典鮮奶麵糰配方做法請參考 P34

粉色麵糰約1g個

鮮奶麵糰50g

粉色麵糰5g

步驟： 調色 → 分割 → 排氣 → 滾圓 → 塑型 → 入籠發酵 → 蒸 → 出籠冷卻

調色

1

取80g鮮奶麵糰與0.3g紅麴粉與少許牛奶揉勻成粉色麵糰。

分割

2

將剩下的麵糰分割成成每個50g，共8個；粉色麵糰取40g分割成每個5g，共8個。

步驟1重點說明

貓掌的肉墊只要淡淡粉紅色才會粉嫩好看喔！所以調色時，色粉要少量少量的加入調整。

排氣→滾圓

3

將分割好的所有麵糰先仔細進行排氣工作後，滾圓。

步驟2重點說明

建議將麵糰分成兩批製作，還未操作的麵糰先放入厚塑膠袋中密封好，再放入冰箱冷藏備用。

步驟3重點說明

一定要確實做好排氣與滾圓，詳細手法請參考**P32**。

塑型◆A 貓掌

4

用手掌稍微壓平鮮奶麵糰並放在饅頭紙上。

◆B 貓掌肉墊

5

將分割好的5g粉色麵糰整成三角形狀。

◆C 貓爪

◆D 組合

6

將剩下的40g粉色麵糰仔細排氣後，先揉成長條再切出32份略小的麵糰，再逐一揉成小圓球。

7

先在貓掌上用水彩筆塗抹少許牛奶，先黏上貓掌肉墊，並用手掌稍微壓扁。

8

接著用手指將三角形底邊壓凹。

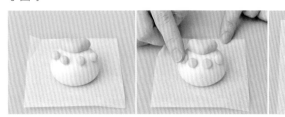

9

接著黏上貓爪，並用手指稍微壓扁即可。

步驟8重點說明

可以將弧度壓得更明顯一些，這樣發酵後弧度才不會消失。

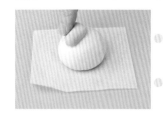

入籠發酵

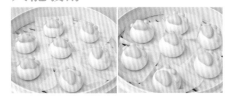

10

將貓爪麵糰放入蒸籠中，置於加熱至40℃水溫的蒸籠鍋上，蓋上鍋蓋，發酵至麵糰比原先膨脹約1.5倍大。

蒸

11

開中火，開始計時蒸約18分鐘。時間到關火，靜置5分鐘，再輕慢掀開鍋蓋。

出籠冷卻

12

快速放於置涼架上冷卻即可。

就愛爆漿恐龍蛋流沙奶皇包

除了做出令人驚喜的恐龍蛋造型外，趁熱小心咬下！泊泊流出的爆漿奶皇餡，又是另外一個驚喜！

就愛爆漿恐龍蛋流沙奶皇包

製作份量
12
個

材料：

鮮奶麵糰1份約490g　　　流沙奶皇餡約144g

刷色用紅麴色粉5g　　　　刷色用可可粉1g

刷色用牛奶10cc

※經典鮮奶麵糰配方做法請參考P34

※流沙奶皇餡配方做法請參考P27

鮮奶麵糰 50g

步驟： 分割 → 排氣 → 滾圓 → 包餡 → 塑型 → 入籠發酵 → 刷色 → 蒸 → 出籠冷卻

分割→ 排氣→ 滾圓

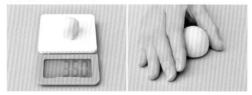

1

將麵糰分成每個35g，共12個，仔細排氣後滾圓，流沙奶皇餡分成每個12g，共12份。

步驟1重點說明

奶皇餡要冰涼使用才好包，分好後可以放入冷凍再冰硬一點。

包餡

2

將麵糰壓扁後，用擀麵棍擀成四周薄中心厚的麵皮。

步驟2重點說明

擀開的麵皮大小要大約餡料的2.5倍寬。

3

一手拇指固定餡料，另一手慢慢折拉起麵皮折入。

4

邊轉邊折入麵皮，直到全部折好捏緊收口。

5

將收口壓平，桌面滴少許牛奶，收口朝下置於牛奶上，滾圓幫助收口密合。

塑型

6

用手掌將麵糰整成雞蛋形狀後，放在饅頭紙上。

入籠發酵

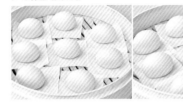

7

將恐龍蛋麵糰放入蒸籠中，置於加熱至40℃水溫的蒸籠鍋上，蓋上鍋蓋，發酵至麵糰比原先膨脹約1.5倍大。

刷色

8

將5g紅麴粉、1g可可粉與10cc牛奶，調成膏狀。

9

取出麵糰，用細毛水彩筆刷上顏色。

蒸

10

將麵糰放回蒸籠內，開中火，開始計時蒸約6分鐘。時間到關火，靜置5分鐘，再輕慢掀開鍋蓋。

出籠冷卻

11

快速放於置涼架上冷卻即可。

可愛的棒棒糖，一點
都不必擔心寶貝吃太多
蛀牙，盡情享受那香甜
滋味吧！

牛奶巧克力彩虹棒棒糖

製作份量 約 **15** 顆

材料：

鮮奶麵糰1份約490g　　可可粉5g
調色麵糰用牛奶5cc

※經典鮮奶麵糰配方做法請參考P34

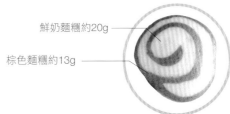

鮮奶麵糰約20g

棕色麵糰約13g

步驟： 調色 → 排氣 → 滾圓 → 塑型 → 分割 → 入籠發酵 → 蒸 → 出籠冷卻

調色

1
取200g的鮮奶麵糰加入可可粉與牛奶，仔細揉勻成棕色麵糰。

排氣→滾圓

2
分別將鮮奶麵糰及棕色麵糰仔細排氣後滾圓，並用厚塑膠袋覆蓋靜置鬆弛約10分鐘。

塑型

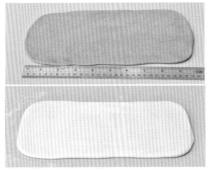

3
將可可麵糰與290g的鮮奶麵糰用擀麵棍分別擀成30cmX13cm的長方形麵片。

4
將可可麵片稍微擀大一點，刷上一層牛奶。

步驟2重點說明

一定要確實做好排氣與滾圓，詳細手法請參考**P32**。

步驟3重點說明

先從麵糰中心擀薄，保留前後不擀，接著將麵糰轉**90°**，再用擀麵棍直接擀開，就可以輕鬆擀出長方形狀。

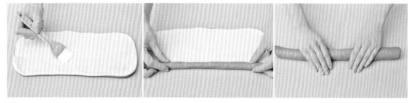

5

接著在鮮奶麵皮上刷上牛奶，從較寬的一側開始盡量緊密的捲起，然後用雙手成粗細均勻的長條。

步驟5重點說明

想要的牛奶巧克力棒棒糖饅頭沒有規定的大小，只要自己喜歡都可以，捲得越粗，棒棒糖饅頭就越大，越細就越小。

分割

6

用菜刀切除麵糰的頭尾後，再均等份的切出約1cm寬的麵糰。

7

將麵糰底下壓入棒棒糖紙棒，放在饅頭紙上。

入籠發酵

8

放入蒸籠中，置於加熱至40℃水溫的蒸籠鍋上，蓋上鍋蓋，發酵至麵糰比原先膨脹約1.5倍大。

蒸

9

開中火，開始計時蒸約18分鐘。時間到關火，靜置5分鐘，再輕慢掀開鍋蓋。

出籠冷卻

10

快速放於置涼架上冷卻即可。

變化版說明：

將麵糰切成2cm寬的麵糰，先搓成長條，然後兩端以逆向方式旋轉成螺旋狀，接著再用手固定一端，另一端往固定端捲入成為螺旋型棒棒糖饅頭，再壓上棒棒糖紙棍，放在饅頭紙上一起入籠發酵！

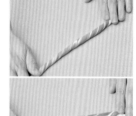

梅之韻彩繪優格饅頭

梅花香自苦寒來，冬天吃一顆熱呼呼的梅花饅頭在寒冷的天氣中，為努力生活的自己打打氣！這款造型中梅花的作法是美姬老師赴山東和非物質文化遺產傳承人的呂老師學習而來，作法古樸，花形精美，品味的是傳統，回味的是感念。

梅之韻彩繪優格饅頭

材料：

優格麵糰1份約490g　　　紅麴色粉1g
蘿蔔紅色粉1g　　　　　　梔子黃色粉少許
黏合用牛奶少許　　　　　調色麵糰用牛奶5cc

※健康優格麵糰配方做法請參考P34

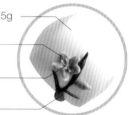

優格白色麵糰約15g
綜合粉色麵糰約2g
黃色麵糰少許
棕色麵糰約2g

步驟： 調色 → 排氣 → 分割 → 塑型 → 入籠發酵 → 蒸 → 出籠冷卻

調色

1
取30g的白優格麵糰加入紅麴色粉與少許牛奶，調成粉紅色。

2
取20g的白優格麵糰加入可可粉與少許牛奶，調成棕色。

3
取5g的白優格麵糰加入梔子粉，調成黃色。

排氣→分割

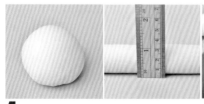

4
接著取約360g白優格麵糰仔細排氣後，搓成寬約3cm高的麵條，切除少許頭尾後，約每5.5cm切出10顆等份麵糰。

步驟4重點說明

a. 切麵糰時，不可用壓切方式切斷麵糰，這樣會造成麵糰兩端凹下，發酵後，麵糰就不會飽滿。

b. 應該使用來回輕切的方式，將麵糰切成工整的圓柱型，下圖左邊切口為正確狀態，右邊切口為錯誤狀態。

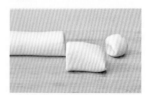

塑型◆A 梅花

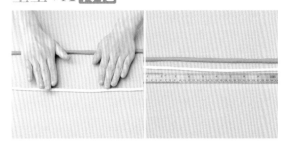

5

取15g白色麵糰與30g粉色麵糰各別搓成約40cm長條。

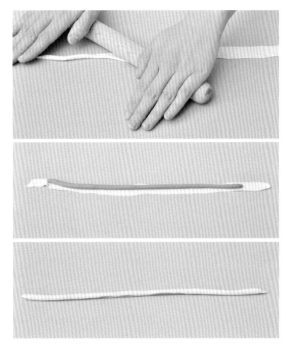

6

接著將白色長麵條用擀麵棍擀平,然後將粉色麵糰置於白色麵皮中央,捲起包入。

步驟6重點說明

a.為了不讓麵條擀平後變得更長,使用由左下方往右上方斜角度方式擀平,這樣的麵皮長度才不會差距太多。

b.白色麵皮不需要完全將粉色麵條包入,這樣做出來的花瓣更自然。

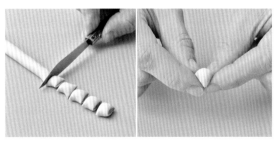

7

接著,用小刀切出1cm小丁。再將兩端切口往下捏緊。

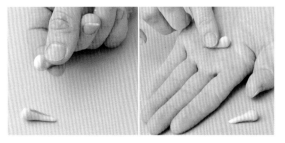

8

將小麵糰先搓成水滴狀,用拇指與食指稍微搓整成頂端較圓凸的花苞狀後,再用食指將尖端再搓細長些。

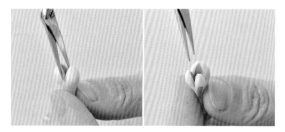

9

取一把剪刀，先在花苞2/3處剪一刀，較小邊，對剪一刀，較大邊則剪兩刀。這樣就會出現五份花瓣。

10

然後將花瓣輕輕往外稍壓；底部再搓更細長。

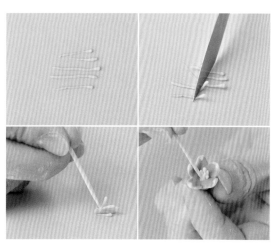

11

接著將黃色麵糰搓出大小不一的蝌蚪狀細條，用刀切斷後，再用牙籤集中插黏在梅花中心備用。

步驟11重點說明

花蕊切斷的長度不需要等長，這樣做出來會更自然。

◆B 花苞

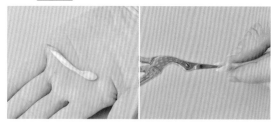

12

同步驟8後，先搓成水滴長條狀，再用剪刀對剪一刀即可。

◆C 樹幹

13

取2g棕色麵糰搓成一端較粗一端較細的長條，再用剪刀從細端開始，剪出不等的樹幹細枝。

14

先在饅頭上刷上少許牛奶或水，然後將樹幹黏上，並把多餘的麵糰切除。

◆D 組合

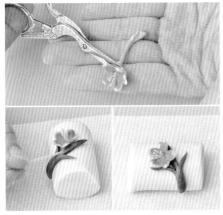

15

將花朵用剪刀剪下，再用牙籤固定到樹幹上。

步驟15重點說明

每個饅頭可以參差放上花朵，有些穿插使用花苞，讓每個饅頭都別具美感。

入籠發酵

16

將梅花饅頭置於饅頭紙上，放入蒸籠中，置於加熱至40℃水溫的蒸籠鍋上，蓋上鍋蓋，發酵至麵糰比原先膨脹約1.5倍大。

蒸

17

開中火，開始計時蒸約18分鐘。時間到關火，靜置5分鐘，再輕慢掀開鍋蓋。

出籠冷卻

18

快速放於置涼架上冷卻即可。

{ Cheaper 4 }
隨心快樂創作篇

經過基本的技巧練習，就可以開始隨心創作囉！想要傳統中國風？
還是可愛森林系？都可以在造型饅頭的世界中，恣意悠遊～

療癒系小貓咪，紙要準備麵糰和可可粉就可以開始動手玩，簡單中的小確幸。

可愛貓咪饅頭

製作份量
8
個

材料：

鮮奶麵糰1份約490g　　紅麴粉少許
調色麵糰用牛奶4cc　　刷色用可可粉2g
刷色用牛奶少許　　黏合用牛奶少許

※經典鮮奶麵糰配方做法請參考P34

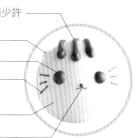

可可色麵糰少許

耳朵：鮮奶麵糰約3g（切成兩半）

眼睛：可可色麵糰約豌豆大小X2

鬍鬚：可可色麵糰少許

頭部：鮮奶麵糰50g

可可色麵糰少許

步驟： 調色 → 分割 → 排氣 → 滾圓 → 塑型 → 入籠發酵 → 蒸 → 出籠冷卻

調色

1

取20g鮮奶麵糰加上可可粉與少許牛奶，仔細揉勻調成可可色麵糰。

分割

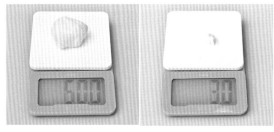

2

將400g鮮奶麵糰分割成每個50g，共8個；再取24g鮮奶麵糰分割成每個3g共24個。

步驟2重點說明

新手操作請分成二份4個來操作，剩下的麵糰用厚塑膠袋包好放入冰箱冷藏備用。

排氣→滾圓

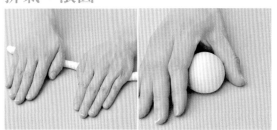

3

取一顆分割好的50g鮮奶麵糰先仔細進行排氣與滾圓工作。

步驟3重點說明

如果想要做貓咪包子，也可以在此時將餡料包入。

塑型◆A 貓臉　　◆B 耳朵

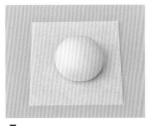

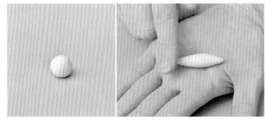

4
將充分排氣滾圓完畢的50g鮮奶麵糰放在饅頭紙上。

5
取分割好的3g鮮奶麵糰仔細搓圓後，再搓成兩端尖尖的紡錘形。

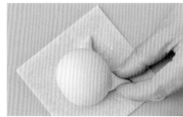

6
然後使用小刀從正中間對切成三角錐形。

7
在貓臉兩側上方先刷少許牛奶，在黏貼上耳朵。

步驟7重點說明
耳朵的位置關係到貓饅頭的美觀，所以最好在頭頂兩側等距位置。

◆C 頭頂紋路

8
將可可色麵糰放在手掌心上，搓成三條細長條。

步驟8重點說明
花紋的長條中間的條紋麵糰要稍微長一點，這樣才會好看。

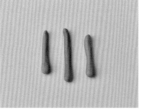

9
將預計黏上紋路麵條的位置，抹上少許牛奶，接著黏上條紋麵糰後稍稍壓扁。

◆D 眼睛

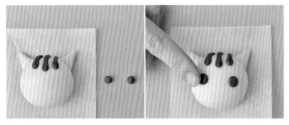

10
取少量可可色麵糰，搓成兩個豌豆大小的圓球，先塗上牛奶後黏上，再輕輕壓扁。

◆E 鬍鬚

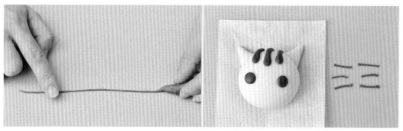

11
將可可麵糰先搓出極細線條後，用小刀切出六條細鬍鬚。

12
先塗上牛奶後，再用水彩筆沾取鬍鬚黏上。

步驟12重點說明
貓咪的鬍鬚要黏在眼睛旁邊
才會可愛喔！

◆F 鼻子

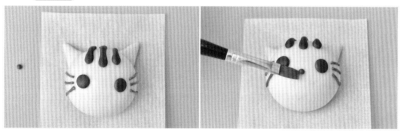

13
取少量可可色麵糰，搓成一個如紅豆般大小的圓球，沾少許牛奶後黏上。

◆G 嘴巴

14
取少量可可色麵糰，搓成極細條後，用小刀切一小小段，再用牙籤沾取黏貼在鼻子下方。

15

將紅麴粉與牛奶調合成腮紅液，用水彩筆在兩側眼睛下方刷上腮紅。

步驟15重點說明
腮紅的顏色淡淡的就好，
否則就變成喝醉貓囉！

入籠發酵

16

將貓咪麵糰放入蒸籠中，置於加熱至40℃水溫的蒸籠鍋上，蓋上鍋蓋，發酵至麵糰比原先膨脹約1.5倍大。

蒸

17

開中火，開始計時蒸約18分鐘。時間到關火，靜置5分鐘，再輕慢掀開鍋蓋。

出籠冷卻

18

快速放於置涼架上冷卻即可。

小飛象棒棒糖饅頭

肥嘟嘟的藍色
小飛象，載著許多
童年記憶，快樂的上
上下下，一早看到
他，不由得笑容
滿溢！

小飛象棒棒糖饅頭

材料：

鮮奶麵糰1份約490g
紅麴粉少許
梔子黃色粉少量
黏合用牛奶少量許

梔子藍色粉0.3g
竹碳粉少許
調色麵糰用牛奶少量

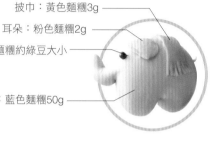

披巾：黃色麵糰3g
耳朵：粉色麵糰2g
眼睛：黑色麵糰約綠豆大小
身體：藍色麵糰50g

※經典鮮奶麵糰配方做法請參考P34

步驟：調色 → 分割 → 排氣 → 滾圓 → 塑型 → 入籠發酵 → 蒸 → 出籠冷卻

調色

1
取450g鮮奶麵糰加上0.3g的梔子藍粉，仔細揉勻淡藍色麵糰。

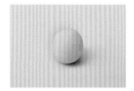

2
取16g鮮奶麵糰加上少量紅麴粉調成粉色麵糰。

3
取24g鮮奶麵糰加上少量梔子黃色粉調成黃色麵糰。

4
取少量麵糰加上少量竹炭粉調成黑色麵糰。

分割

5
將淡藍色麵糰分割成每個50g，共8個。

步驟5重點說明

分割完的麵糰盡速用厚塑膠袋或布蓋著，以免表面變乾燥。

排氣→滾圓

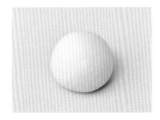

6

取一顆分割好的藍色麵糰先仔細進行排氣並滾圓。

步驟6重點說明

一定要確實做好排氣與滾圓,詳細手法請參考P32。

塑型◆A 大象身體

7

先將淡藍色麵糰搓成橢圓形,接著在正下方處切下一刀。

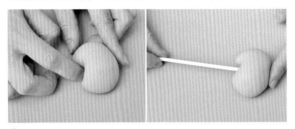

8

然後,以食指往內壓整成腳的部位,再從中間插入棒棒糖紙棍。

步驟8重點說明

棒棒糖出入腳凹處要小心不要刺破身體。

9

接著使用剪刀,在大象的一端剪一刀,整形成鼻子。

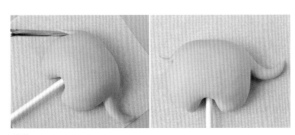

10

在大象的另一端也剪一小刀,微調成大象的尾巴。

步驟10重點說明

大象的鼻子和尾巴都不要剪太多,胖嘟嘟的才會可愛。

◆B 大象披肩

11
取3g黃色麵糰，先搓成一長條，然後使用擀麵棍擀平。

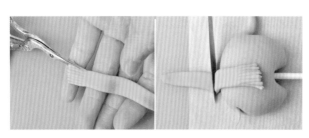

12
用剪刀將一端剪出披肩的鬚鬚，在大象背部位置先塗上牛奶後，把披肩黏上，並把多餘的部分切除。

步驟12重點說明
可以將披巾鬚鬚調整一下角度，讓披肩更有動感。

◆C 耳朵

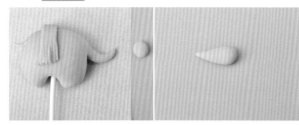

13
取粉色麵糰約2g，先搓成水滴狀。

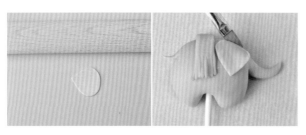

14
接著用擀麵棍擀平，然後在鼻子後方塗上少許牛奶後，再將耳朵貼上。

◆D 眼睛

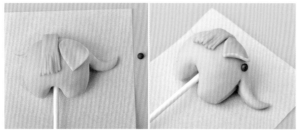

15
取少許黑色麵糰，搓出一顆芝麻大小的麵糰，黏貼在鼻子與耳朵之間。

入籠發酵

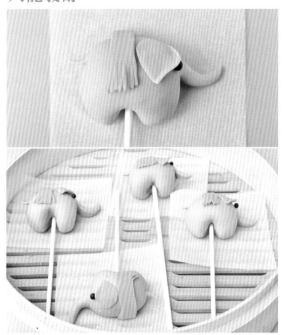

16

將大象麵糰放入蒸籠中，置於加熱至40℃水溫的蒸籠鍋上，蓋上鍋蓋，發酵至麵糰比原先膨脹約1.5倍大。

步驟16重點說明

此造型盡量不要過度發酵，否則形體容易走鐘。

蒸

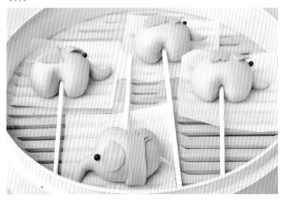

17

開中火，開始計時蒸約18分鐘。時間到關火，靜置5分鐘，再輕慢掀開鍋蓋。

出籠冷卻

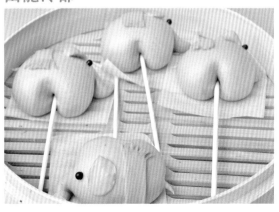

18

快速放於置涼架上冷卻即可。

空氣冷颼颼！天
地間進入一片白茫茫
的世界，在台灣很少有
機會看到雪，那就為孩
子們造一個雪景吧！

工具：小刀、細毛水彩筆、牙籤

抱抱北極熊

製作份量
8
個

材料：

鮮奶麵糰1份約490g　　紅麴粉少許

竹碳粉少許　　調色麵糰用牛奶少許

※經典鮮奶麵糰配方做法請參考P34

頭部：鮮奶麵糰50g

耳朵：鮮奶麵糰2gX2

眼睛：黑色麵糰約黃豆大小X2

鮮奶麵糰2g

黑色麵糰少許

淡粉色麵糰約綠豆大小X2

步驟： 調色 → 分割 → 排氣 → 滾圓 → 塑型 → 入籠發酵 → 蒸 → 出籠冷卻

調色

1

各取少許麵糰加上微量紅麴粉與微量竹炭粉仔細揉勻成粉色麵糰與黑色麵糰。

分割

2

取400g鮮奶麵糰，分割成每個50g，共8個；取32g麵糰分割成每個2g，共16個。

步驟2重點說明

分割完的麵糰盡速用厚塑膠袋或布蓋著，以免表面變乾燥。

排氣→滾圓

3

取一顆分割好的鮮奶麵糰先仔細進行排氣工作。

步驟3重點說明

一定要確實做好排氣與滾圓，詳細手法請參考P32。

塑型◆A 熊臉

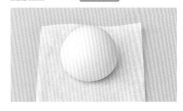

4

先將50g排氣滾圓的麵糰放在饅頭紙上。

◆B 耳朵

5

取一顆2g鮮奶麵糰,搓成橢圓後從中間等份對切開。

6

先在頭頂兩側塗上牛奶後,分別黏上麵糰,成為熊的耳朵。

步驟6重點說明
耳朵接縫處要確實黏好,
防止發酵後脫落。

◆C 鼻子

7

取一顆2g鮮奶麵糰,搓成圓形後,將熊臉中心位置塗抹少許牛奶,貼上並稍稍
壓扁。

◆D 眼睛

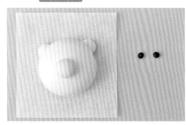

8

取少量黑色麵糰,搓出兩個綠豆般大小
的小黑球,黏貼在鼻子兩側。

◆E 鼻頭

9

再搓一顆黃豆大小的小黑球,在鼻頭上塗少許牛奶後,貼上並稍微壓成橢圓形。

步驟9重點說明

鼻頭要貼在鼻子稍微上方的位置才會好看,也預留出嘴巴的位置。

◆F 腮紅

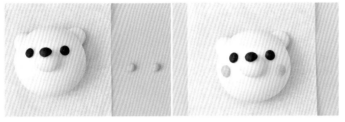

10

取少許粉色麵糰,搓出兩個綠豆般大小的腮紅,黏貼於鼻子兩側。

步驟10重點說明

任何麵糰的黏貼前,一定要在該位置先塗上少許牛奶來幫助黏合,否則發酵後,麵糰膨脹就會脫落。

◆G 嘴巴

11

先將黑色麵糰搓出極細長條,然後切出0.5cm小段和1cm小段各一條。

12

接著使用牙籤取0.5cm小細黑線固定在鼻頭下方。

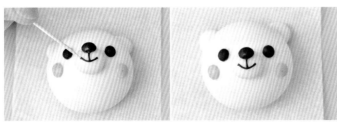

13

再將1cm小細黑線做成微笑嘴巴!

入籠發酵

14

將北極熊麵糰放入蒸籠中，置於加熱至40℃水溫的蒸籠鍋上，蓋上鍋蓋，發酵至麵糰比原先膨脹約1.5倍大。

蒸

15

開中火，開始計時蒸約18分鐘。時間到關火，靜置5分鐘，再輕慢掀開鍋蓋。

出籠冷卻

16

快速放於置涼架上冷卻即可。

蜂蜜小蜜蜂

充滿蜂蜜香氣的
小蜜蜂,黃澄澄、
軟綿綿、香噴噴。嘟
嘟小嘴巴,吃之前忍
不住親一下。

蜂蜜小蜜蜂

材料：

蜂蜜麵糰1份約490g　　　梔子黃色粉1g

可可粉0.5g　　　　　　　紅麴粉少許

調色麵糰用牛奶少許　　　黏合用牛奶少許

※甜蜜蜜蜂蜜麵糰配方做法請參考P35

※亦可使用香甜南瓜麵糰取代黃色調色或使用
　薑黃粉取代梔子黃色粉。

可可色麵糰適量

身體：黃色麵糰45g

翅膀：白色蜂蜜麵糰6g

眼睛：可可色麵糰約綠豆大小X2

嘴巴粉色麵糰約綠豆大小

步驟： 調色 → 分割 → 排氣 → 滾圓 → 塑型 → 入籠發酵 → 蒸 → 出籠冷卻

調色

1

取360g蜂蜜麵糰加上1g梔子黃色粉；50g蜂蜜麵糰加上少量可可粉；5g蜂蜜麵糰加上少量紅麴粉分別調成黃色麵糰、可可色麵糰及粉色麵糰。

分割

2

將黃色麵糰，分成每個45g，共8個。

步驟2重點說明

分割完的麵糰盡速用厚塑膠袋或布蓋著，以免表面變乾燥。

排氣→滾圓

3

取一顆分割好的黃色麵糰先仔細進行排氣與滾圓工作。

步驟3重點說明

一定要確實做好排氣與滾圓，詳細手法請參考**P32**

塑型◆A 蜜蜂身體

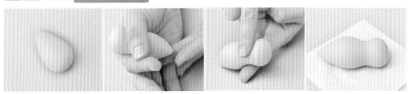

4

將黃色麵糰先揉成水滴狀，先用虎口捏出蜜蜂頭部，再用手指搓細一些，放置在饅頭紙上。

◆B 蜜蜂條紋

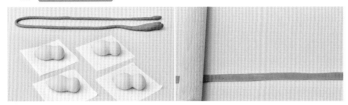

5

將可可色麵糰搓細長條，再用擀麵棍擀扁。

◆C 鼻子

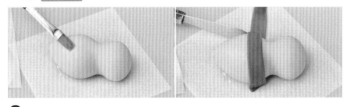

6

在蜜蜂身上塗少許牛奶，將可可色麵糰條鋪上後，切除多餘麵條。

7

蜜蜂身上鋪好兩條後，切一小段可可色麵糰黏於蜜蜂尾端。

8

用手指壓尖，再用剪刀剪去多餘麵糰。

◆C 翅膀

9

取6g白色蜂蜜麵糰搓圓,再用手指從中間搓出兩端圓中間細的麵糰。

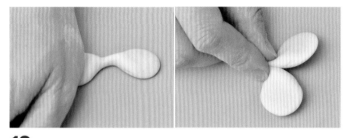

10

接著將兩端壓扁後,折黏成有立體感的翅膀。

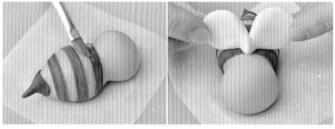

11

先在蜜蜂身上刷少許牛奶,再將翅膀黏上。

步驟11重點說明
翅膀的大小與姿勢都可以自己決定喔!

◆D 眼睛

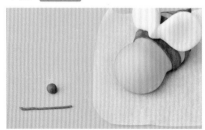

12

取少許可可色麵糰搓出一綠豆大的小圓球與一條細線。

13

先在蜜蜂臉上塗少許牛奶後,用牙籤將眼睛固定。

步驟13重點說明
可以做出各種表情的眼睛,讓每個蜜蜂都有自己的心情!

◆E 嘴巴

14

取少許粉色麵糰，先搓成小圓後，用小刀對切成半圓黏在眼睛下方即成嘴唇。

入籠發酵

15

將蜜蜂麵糰放入蒸籠中，置於加熱至40℃水溫的蒸籠鍋上，蓋上鍋蓋，發酵至麵糰比原先膨脹約1.5倍大。

步驟14重點說明

嘴巴的做法很多種，也可以黏上一個小圓，使用翻糖工具壓出O形口型的可愛嘴唇，發揮自己的各種創意吧！

蒸

16

開中火，開始計時蒸約18分鐘。時間到關火，靜置5分鐘，再輕慢掀開鍋蓋。

出籠冷卻

17

快速放於置涼架上冷卻即可。

就像大師靜物油畫般精緻，夾著淡淡鳳梨桂花香，咬下的盡是甜美滋味！

油畫風西洋梨包

可可色麵糰少許

綠色麵糰約20g

桂花鳳梨餡10g
鮮奶麵糰35g

材料：

鮮奶麵糰1份約490g　　鳳梨桂花餡約80g
抹茶粉5g　　　　　　　可可粉微量
調色麵糰用牛奶少許　　刷色用紅麴粉少許

※經典鮮奶麵糰配方做法請參考P34
※美姬親研桂花鳳梨餡配方做法請參考P24

步驟： 調色 → 分割 → 排氣 → 滾圓 → 包餡 → 塑型 → 入籠發酵 → 蒸 → 出籠冷卻

調色

1

取160g鮮奶麵糰加上5g抹茶粉，仔細揉勻成綠色麵糰；取少量鮮奶麵糰與微量可可粉調成可可色麵糰。

分割

2

將綠色麵糰分割成每個20g，共8個；鮮奶麵糰分割成每個35g，共8個；桂花鳳梨餡分成每份10g，共8份。

步驟2重點說明

分割後的麵糰，要盡速用塑膠袋或布蓋著，以免表面變乾燥。

排氣→滾圓

3

取一顆分割好的鮮奶與綠色麵糰，仔細進行排氣與滾圓工作。

步驟3重點說明

一定要確實做好排氣與滾圓，詳細手法請參考**P32**。

113

包餡

4
將鮮奶麵糰壓扁，擀成四周薄中間後的麵皮。

5
將10g鳳梨桂花餡包入，收口捏緊。

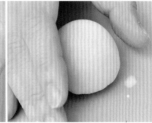

6
將收口壓平，桌面滴少許牛奶，收口朝下置於牛奶上，滾圓幫助收口密合。

步驟6重點說明
完美的收口要像肚臍眼一樣小小的。

塑型

7
綠色麵糰桿開約白色包餡麵糰2倍寬度。

8
接著把綠色麵皮翻面，然後在白色麵糰上刷上牛奶。

9
白色麵糰收口朝上，置於綠色麵皮上，再將綠色麵皮包入，收緊收口。

10
將麵糰用手掌堆高後,在三分之一高度處用虎口捏細,塑型成葫蘆形狀。

11
取少許可可色麵糰搓成細長條,用牙籤塞入頂端,做成梨子的梗。

12
最後用手沾取紅麴粉輕輕刷在梨身上。

步驟12重點說明

現在看起來一點都不像西洋梨,但是發酵蒸熟後,麵糰會變矮變胖,就會像西洋梨囉!

入籠發酵

13
將西洋梨麵糰放入蒸籠中,置於加熱至40℃水溫的蒸籠鍋上,蓋上鍋蓋,發酵至麵團比原先膨脹約1.5倍大。

蒸

出籠冷卻

14
開中火,開始計時蒸約18分鐘。時間到關火,靜置5分鐘,再輕慢掀開鍋蓋。

15
快速放於置涼架上冷卻即可。

步驟15重點說明

雙層麵皮蒸完略有氣泡是正常的,梨子可以剝皮來吃喔!

專門為不敢吃胡蘿蔔
的小寶貝而設計，將胡
蘿蔔泥揉入麵糰中，健
康又美味！

視力好好胡蘿蔔饅頭

材料：

紅蘿蔔麵糰1份約490g　　　抹茶粉2g
調色麵糰用牛奶少許　　　　刷色用紅麴粉少許
刷色用牛奶少許

※視力好好胡蘿蔔麵糰配方做法請參考P38

綠色麵糰約8g

胡蘿蔔麵糰35g

步驟： 調色 → 分割 → 排氣 → 滾圓 → 塑型 → 入籠發酵 → 蒸 → 出籠冷卻

調色

1

取100g胡蘿蔔麵糰加
2g抹茶粉，仔細揉勻
成綠色麵糰。

分割

2

將胡蘿蔔麵糰分割成每
個35g，共10個。

步驟2重點說明

分割完的麵糰盡速用厚塑膠
袋或布蓋著，以免表面變乾
燥。

排氣→滾圓

3

取一顆分割好的胡蘿蔔
麵糰先仔細進行排氣與
滾圓工作。

步驟3重點說明

一定要確實做好排氣與滾
圓，詳細手法請參考P32

塑型◆A 胡蘿蔔

4

將胡蘿蔔麵糰用手掌搓成長水滴形。

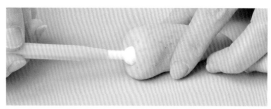

5

接著用圓球翻糖工具在頂端壓出一個深洞。

◆B 葉子

6

取綠色麵糰，先搓成長條狀再用刀子切成數段。

7

使用翻糖工具將麵條邊邊壓出葉子花紋。

◆C 組合

8

將葉子組合重疊後，使用牙籤將葉子塞入胡蘿蔔頂端的凹洞中。

9

把麵糰先放在饅頭紙上，再用翻糖工具壓出胡蘿蔔表面不平整的凹痕。

步驟8重點說明

葉子不一定要一樣長，組合的葉片數量也不需要一樣，參差不齊反而更自然。

步驟9重點說明

除了使用工具壓出自然感之外，也可以使用剩下的胡蘿蔔麵糰調出紅色麵糰後，搓成細絲交錯在胡蘿蔔上，做出鬚根的效果。

10
將紅麴粉與牛奶調勻後,刷抹在胡蘿蔔上面。

入籠發酵

11
將胡蘿蔔麵糰放入蒸籠中,置於加熱至40℃水溫的蒸籠鍋上,蓋上鍋蓋,發酵至麵糰比原先膨脹約1.5倍大。

蒸

12
開中火,開始計時蒸約18分鐘。時間到關火,靜置5分鐘,再輕慢掀開鍋蓋。

出籠冷卻

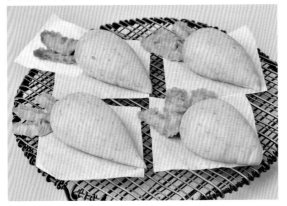

13
快速放於置涼架上冷卻即可。

想做一隻灰色小兔兔，該用什麼食材調色呢？營養又好吃的黑芝麻粉是不二選擇，再把黑芝麻餡包進來，表裡都是幸福好滋味！

灰嚕嚕芝麻小兔包

製作份量
8
個

材料：

鮮奶麵糰1份約490g　　　黑芝麻餡80g
黑芝麻粉10g　　　　　　　可可粉少許
調色麵糰用牛奶少許　　　　刷色用紅麴粉
刷色用牛奶少許黏合用牛奶少許

※經典鮮奶麵糰配方做法請參考P34
※黑芝麻餡配方做法請參考P26

耳朵：灰色麵糰約 3gX2
頭部：灰色麵糰 50g
眼睛：可可色麵糰少許
嘴巴：可可色麵糰少許

黑芝麻餡10g

步驟： 調色 → 分割 → 排氣 → 滾圓 → 包餡 → 塑型 → 入籠發酵 → 蒸 → 出籠冷卻

調色

1
取450g鮮奶麵糰加上10g芝麻粉，仔細揉勻調成灰色麵糰。

2
另取20g鮮奶麵糰加上少許可可粉，仔細揉勻調成可可色麵糰。

分割

3
取灰色麵糰分成每個50g，共8個；剩下灰色麵糰分割成每個3g，共16個；黑芝麻餡分成每份10g備用。

步驟3重點說明
分割完的麵糰盡速用厚塑膠袋或布蓋著，以免表面變乾燥。

排氣→滾圓

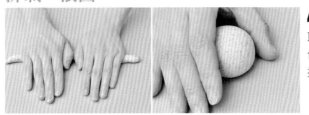

4
取一顆分割好的灰色麵糰先仔細進行排氣與滾圓工作。

步驟4重點說明
一定要確實做好排氣與滾圓，詳細手法請參考**P32**。

包餡

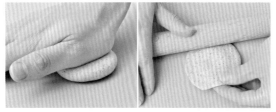

5

將滾圓的灰色麵糰壓扁，擀成四周薄中間厚的麵皮。

6

包入10g黑芝麻餡，收口捏緊。

7

將收口壓平，桌面滴少許牛奶，收口朝下置於牛奶上，滾圓幫助收口密合。

步驟 7 重點說明

完美的收口要像肚臍眼一樣小小的，詳細收口動作請參考 **P32**。

塑型 ◆A 兔子頭 ◆B 兔鼻子

8

將包好的麵糰滾圓，放在饅頭紙上。

9

取約1g白色麵糰，搓成一個小圓球，在臉上先刷少許牛奶後貼上，稍微壓扁。

◆C 兔耳朵

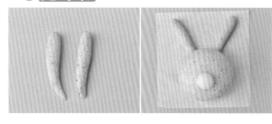

10

取2個分割好的3g灰色麵糰，搓成長水滴形，在兔子頭頂處先刷牛奶後，將耳朵黏上。

步驟 11 重點說明

每個黏合的動作一定都要記得先刷上牛奶再黏，否則發酵時會發生脫落現象喔！

◆D 兔眼睛

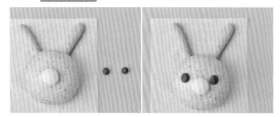

11

取少量可可色麵糰，搓出二顆黃豆大小的圓球，刷上少許牛奶後，將兔子眼睛黏上。

◆E 兔嘴巴

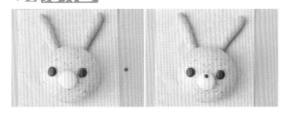

12

取少許可可色麵糰，先搓
出芝麻大小的小圓球，黏
在鼻子偏上方處。

步驟12重點說明

鼻頭圓球要小一點，能和眼
睛做出差異，另外黏貼位置
也要再鼻子偏上方處才會好
看。

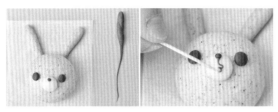

13

再搓出極細的細線條，以
牙籤取一小段，貼於鼻子
的下方。

◆F 腮紅

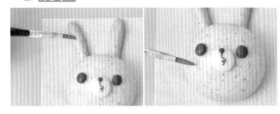

14

用紅麴粉加入少許牛奶，
調勻成粉紅色液後，使用
水彩筆刷在耳朵與兩頰處
成為腮紅。

入籠發酵

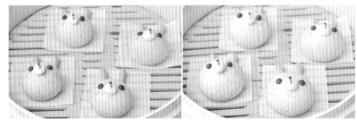

15

將兔子麵糰放入蒸籠中，置於加熱至40℃水溫的蒸籠鍋上，蓋上鍋
蓋，發酵至麵糰比原先膨脹約1.5倍大。

蒸

16

開中火，開始計時蒸約18分鐘。時間到
關火，靜置5分鐘，再輕慢掀開鍋蓋。

出籠冷卻

17

快速放於置涼架上冷卻即可。

紅棗的香氣和營養與質樸的饅頭非常契合，還沒吃到，光是聞著蒸汽中飄著濃濃的紅棗香氣，便知道這是養生的味道。

福壽綿延紅棗饅頭

材料：

鮮奶麵糰1份約490g　　紅棗50g

紅麴粉2.5g　　　　　　抹茶粉0.5g

調色麵糰用牛奶少許　　黏合用牛奶少許

※經典鮮奶麵糰配方做法請參考P34

桃色紅棗麵糰50g

綠色麵糰2.5gX2

步驟： 調色 → 分割 → 排氣 → 滾圓 → 塑型 → 入籠發酵 → 蒸 → 出籠冷卻

事前準備

紅棗略為清洗後，去籽切成小丁末備用。

調色

1

取40g鮮奶麵糰加上抹茶粉，仔細揉勻調成綠色麵糰；剩餘麵糰加紅麴粉與紅棗丁末仔細揉勻成桃色紅棗麵糰。

分割

2

取桃色紅棗麵糰分割成每個50g，共8個；綠色麵糰分割成每個2.5g，共16個。

排氣 → 滾圓

3

取一顆分割好的桃色麵糰先仔細進行排氣與滾圓工作。

步驟3重點說明

盡量將紅棗丁包於麵糰裡，壽桃表皮會較為光滑。

塑型◆A 壽桃

4

桃色紅棗麵糰整形成大圓水滴狀，再用湯匙壓出凹痕。

◆B 葉子

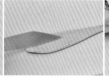

5

取分割好的抹茶麵糰二份，先搓成長條水滴形後，用擀麵棍擀平。

6

接著先用小刀壓出中心葉脈，再由外往內壓出細葉脈。

◆C 組合

7

先在壽桃上刷上牛奶，再黏貼上葉子，再調整葉子角度，讓葉子更深動。

入籠發酵

8

將壽桃麵糰放入蒸籠中，置於加熱至40℃水溫的蒸籠鍋上，蓋上鍋蓋，發酵至麵糰比原先膨脹約1.5倍大。

蒸

9

開中火，開始計時蒸約18分鐘。時間到關火，靜置5分鐘，再輕慢掀開鍋蓋。

出籠冷卻

10

快速放於置涼架上冷卻即可。

步驟4重點說明

使用的湯匙請挑選弧度彎一點的，這樣做出來的壽桃會更逼真。

步驟6重點說明

要注意畫細葉脈的順序是由外往內畫，這樣才會有葉子漂亮的紋路，若由內往外畫，葉子就不會有立體感。

卡哇伊肉鬆小豬包

當小豬遇到豬肉鬆，一切都完美的剛剛好，萌萌噠～

卡哇伊肉鬆小豬包

材料：

鮮奶麵糰1份約490g　　肉鬆餡60g

紅麴粉1g　　黑芝麻粒少許

※經典鮮奶麵糰配方做法請參考P34

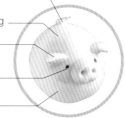

尾巴：粉色麵糰約1g

小豬：身體粉色麵糰35g

耳朵：粉色麵糰約0.5gX2

眼睛：黑芝麻粒2顆

肚子：肉鬆餡10g

步驟： 調色 → 分割 → 排氣 → 滾圓 → 包餡 → 塑型 → 入籠發酵 → 蒸 → 出籠冷卻

調色

1

取420g麵糰加上紅麴粉調成粉色麵糰。

2

取24g粉色麵糰，加少許紅麴粉調成稍深的淡粉色麵糰。

分割

3

將粉色麵糰分成每個35g，共12個。

4

將淡粉色麵糰搓成約1cm高的長條，再切成均等24份備用。

排氣→滾圓

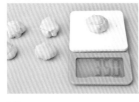

5

取一顆分割好的粉色麵糰先仔細進行排氣與滾圓工作。

步驟3重點說明

新分割完的麵糰盡速用厚塑膠袋或布蓋著，以免表面變乾燥。

步驟5重點說明

一定要確實做好排氣與滾圓，詳細手法請參考P32。

包餡

6
將滾圓的粉色麵糰壓扁，擀成四周薄中間後的麵皮。

7
包入5g肉鬆餡，收口捏緊。

8
將收口壓平，桌面滴少許牛奶，收口朝下置於牛奶上，滾圓幫助收口密合。

步驟8重點說明
完美的收口要像肚臍眼一樣小小的。

塑型◆A 小豬身體　◆B 小豬鼻子

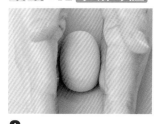

9
將粉色麵糰搓成橢圓形，放在饅頭紙上。

10
取一小份淡粉色麵糰，仔細揉勻成小圓後，整成小圓柱形。

步驟9重點整理
發酵蒸好後，麵糰會變胖變矮，所以小豬身體要做得高一些，這樣成品才會可愛！

11
接著刷上少許牛奶，黏上豬鼻子。

步驟11重點整理
鼻子不要貼太低，否則蒸熟後鼻子會下垂。

◆C 小豬耳朵

12
取一小份淡粉色麵糰,仔細揉勻後整成小橄欖形。

13
壓扁後對切成二個耳朵。

14
在鼻子兩側刷上少許牛奶,將耳朵黏上,末端稍微捏扁後,往下折成耳朵。

步驟14重點說明
將耳朵捏薄一些,更加生動自然!

◆D 小豬鼻孔

15
牙籤先插入鼻子麵糰後,稍微上下移動,搓出兩個鼻孔。

◆E 小豬嘴巴

16
再用一隻牙籤由兩個鼻孔下方中間處往上頂出嘴巴。

◆F 小豬尾巴

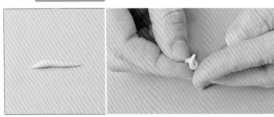

17
取多餘的粉色麵糰,搓一條細的長條後捲起。

18
在小豬屁股上方抹牛奶，將豬尾巴貼上去。

步驟18重點說明
尾巴的位置要放在背上才會可愛唷！

◆G 豬眼睛

19
接著在小豬臉上抹牛奶，用筆刷沾芝麻，黏在豬鼻子上方，成為豬的眼睛。

步驟19重點整理
稍微將眼睛下壓，可以防止芝麻發酵掉落。

◆H 腮紅

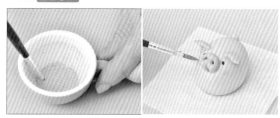

20
用紅麴粉加入少許牛奶，調勻成粉紅色液。在刷上豬鼻兩頰。

入籠發酵

21
將小豬麵糰放入蒸籠中，置於加熱至40℃水溫的蒸籠鍋上，蓋上鍋蓋，發酵至麵糰比原先膨脹約1.5倍大。

蒸

22
開中火，開始計時蒸約18分鐘。時間到關火，靜置5分鐘，再輕慢掀開鍋蓋。

出籠冷卻

23
快速放於置涼架上冷卻即可。

131

使用優格揉製出
來的麵糰柔軟光滑，
具有保濕作用，蒸完的
成品具有延緩老化的功
能，放涼後牛牛依舊
充滿彈性。

牛牛優格饅頭

材料：

優格麵糰1份約490g　　紅麴粉1g

調色麵糰用牛奶少許　　竹碳粉41g

紅麴粉少許　　　　　　刷色用牛奶少許

黏合用牛奶少許

頭部：白色麵糰50g

牛角：黑、白混色麵糰 1g
（對切成兩個）

斑紋：黑色麵糰約3g

耳朵：白、粉疊色麵糰1.5gX2

眼皮：粉色麵糰0.5gX2

眼球：白色麵糰約紅豆大小X2

睫毛：黑色麵糰少許

眼睛：黑色麵糰約紅豆大小X2

眼白：白色麵糰約芝麻大小X2

粉色麵糰紅豆大小X2

白色麵糰少許

粉色麵糰8g

※健康優格麵糰配方做法請參考P34

步驟： 調色 → 排氣 → 分割 → 塑型 → 入籠發酵 → 蒸 → 出籠冷卻

調色

1

取50g白色麵糰加0.5紅麴粉仔細揉勻調成粉色麵糰；取40g白色麵糰加0.5g竹炭粉仔細揉勻調成黑色麵糰。

分割

2

取白色麵糰分割成每個50g，共8個。

排氣→滾圓

3

取一顆分割好的白色麵糰先仔細進行排氣與滾圓工作。

步驟2重點說明

分割完的麵糰盡速用厚塑膠袋或布蓋著，以免表面變乾燥。

塑型◆A 牛頭

4

將分割好滾圓的白色麵糰，用食指與拇指捏整出牛臉形狀並放在饅頭紙上。

步驟3重點說明

一定要確實做好排氣與滾圓，詳細手法請參考P32。

◆B 耳朵

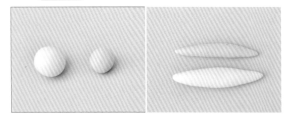

5

取1g粉色麵糰與2g白色麵糰分別搓圓後，再搓成兩端尖尖的紡錘形。

6

在白色麵糰上刷上少許牛奶，疊上粉色麵糰，稍微壓扁，再用擀麵棍擀開，接著對切成兩均等份。

7

先將切成三角形的麵糰邊緣捏薄並稍微拉長，再將兩對角捏緊。

8

牛的頭部先刷上少許牛奶後，將耳朵黏上。

步驟6重點說明

先稍微壓扁，確認粉色麵糰在白色麵糰正中央再擀開，這樣耳朵做起來才會漂亮。

步驟8重點說明

耳朵要黏在頭部下方，才會好看自然喔！

◆B 耳朵

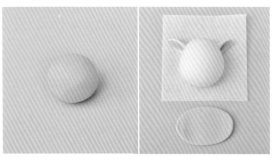

9

取一個8g的粉色麵糰搓圓，再用擀麵棍擀成和臉一樣大的橢圓形。

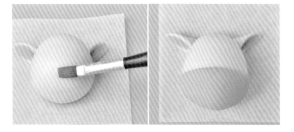

10

在大約牛頭下方1/2處先刷上牛奶，再將臉貼上。

◆D 牛角

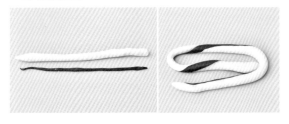

11

取8g白色麵糰和1g黑色麵糰，各別搓成相同長度的長條，再將兩麵條合起來一起搓成混色麵條。

步驟11重點說明

這個動作不需要做太久，否則顏色會變成灰色，就失去牛角花紋了。

12

接著把混色麵條切成約1cm寬的小丁，取一個小丁麵糰，搓成兩頭尖的長條，再對切即成牛角。

步驟12重點說明

因為混色麵糰製作需要一定的份量且較費工，因此一次製作所有需要的牛角份量，接下來直接取用即可。

13

接著，用牙籤將牛角壓入牛耳朵旁邊的位置，並用手將牛角調整角度。

◆E 白眼球

14

取約紅豆大小白麵糰仔細搓圓後，在牛臉上方先刷上牛奶，將眼球黏上，稍微壓扁固定。

◆F 乳牛斑紋

15

取少許黑色麵糰，先搓成三個大小不等的小圓球後，灑手粉後擀成極薄的薄片。先刷除斑紋麵皮殘粉後，在頭部上方刷上牛奶，再將斑紋麵皮黏上。

步驟15重點說明

因為需要擀到極薄，容易黏在桌上或擀麵棍上，因此可以撒上少許麵粉以防沾黏。另外，利用水彩筆把黏合的邊緣沾溼，發酵蒸熟後才不會有接縫出現。

◆G 眼睛

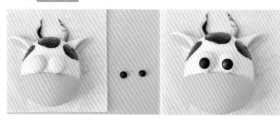

16

取少許黑色麵糰，搓成兩顆紅豆大小的小圓球，貼在刷了牛奶的白眼球上。

步驟16重點說明

可以搓出不同大小的黑色麵糰或是線條，製作出乳牛不同的眼神表情。

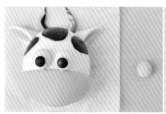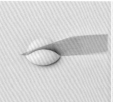

17

接著取1g粉色麵糰，搓圓後對切，黏在白眼球上方成為眼皮。

步驟17重點說明

眼皮要貼覆在白色眼球上方。

18

然後再取極少量白色麵糰，搓出如芝麻大小的小白球，黏貼於黑色眼球上。

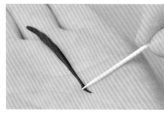

19

取少量黑色麵糰，先在手掌搓出極細黑線條，在用牙籤擷取後，稍微用手壓彎，插入於粉色眼皮與白色眼球接縫處即成睫毛。

步驟19重點說明

睫毛根數沒有限制，但是因為非常費時，要注意控制時間，以免麵糰發酵過度喔！

◆H 鼻孔

20

取少量粉色麵糰，搓成二顆紅豆大小的圓球，貼於臉部兩側處，接著，使用翻糖工具的小圓球工具壓出鼻孔。

步驟20重點說明

鼻孔黏貼的位置一定要寬於兩眼，這樣才會可愛！

21
繼續使用相同工具，
壓出嘴巴凹槽。

◆G 豬眼睛

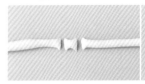

22
取剩餘的白麵糰搓出約1cm高的長條後，切出約1cm的小丁，接著用小刀壓出
牙痕，並用牙籤輔助固定與調整在嘴巴凹槽中的位置。

步驟22重點說明

牙齒的位置不一定要在正中
間，角度也可以調整，發揮
自己創意創造出屬於自己的
可愛牛牛吧！

◆I 腮紅

23
用紅麴粉加入少許牛奶，調勻成粉紅色液，再用水彩筆沾取刷在臉頰上即可。

入籠發酵

24
將乳牛麵糰放入蒸籠中，置於加熱至40℃水溫的蒸籠鍋上，蓋上鍋
蓋，發酵至麵糰比原先膨脹約1.5倍大。

蒸

出籠冷卻

25
開中火，開始計時蒸約18分鐘。時間到
關火，靜置5分鐘，再輕慢掀開鍋蓋。

26
快速放於置涼架上冷卻即可。

{❦ Chapter 5 ❧}
愛～分享手撕饅頭篇

分享著生活的喜悅，回憶著每一次的美好，

餐桌上的一起共享！饅頭也可以手撕喔～～

串串葡萄輕掛
藤上，咬一口，青提
子葡萄的酸香在嘴裡迸
發，適合和孩子一起共
享手撕饅頭的樂趣。

串串葡萄包

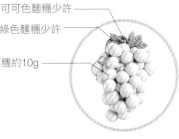

可可色麵糰少許

綠色麵糰少許

粉紫色麵糰約10g

材料：

鮮奶麵糰1份約490g　　青提子葡萄乾50g

紫地瓜粉8g　　　　　　抹茶粉2g

可可粉14g　　　　　　　調色麵糰用牛奶少許

黏合用牛奶少許

※經典鮮奶麵糰配方做法請參考P34

步驟： 調色 → 分割 → 排氣 → 塑型 → 入籠發酵 → 蒸 → 出籠冷卻

調色

1

各取30g、30g與190g鮮奶麵糰加上可可粉、抹茶粉與紫地瓜粉，加少許牛奶後，仔細揉勻調成可可色、綠色與淡紫色麵糰。

分割→排氣

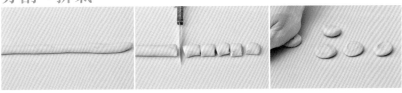

2

將淡紫色麵糰仔細排氣後，搓成約2cm高的長條，再用小刀切成2cm寬的麵糰小丁，切口朝上，壓扁備用。

滾圓

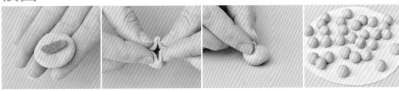

3

取一個麵糰，包入一顆青提子葡萄乾，捏緊收口並滾圓後靜置。

步驟2重點說明

新手操作請分成二份4個來操作，剩下的麵糰用厚塑膠袋包好放入冰箱冷藏備用。

步驟3重點說明

葡萄乾可以預先泡飲用水至發脹後，取出擦乾水分使用，這樣葡萄乾口感會更好。

141

塑型◆A 葡萄藤

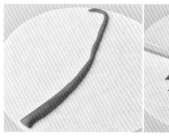

4

先取15g可可色麵糰，搓出一條由粗至細的長條，再用小刀切出葡萄藤形。

步驟4重點說明

切葡萄藤時，不規則的切出藤線反而會更自然。

◆B 葡萄葉&鬚

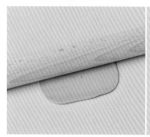

5

取10g抹茶麵糰，擀成橢圓形麵皮後，用小刀對切後，再切出葡萄葉形狀。

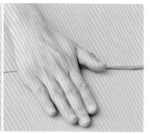

6

去除多餘麵皮，再劃出中間葉脈。重複步驟5，做出共兩片葉片，另取少許抹茶麵糰，搓成細絲備用。

步驟6重點說明

劃葉脈時，要畫出深刻的葉脈形狀，以免發酵後葉脈紋路消失，但也要注意不可劃破麵皮喔！

◆C 組合

7

先將葡萄藤放在大張饅頭紙上並刷少許牛奶，接著不規則的堆擺上淡紫色的葡萄果實。

葡萄葉鬚穿插在葡萄果實間，能製造出自然的效果。

8

再用牙籤黏放上葉片與葡萄葉鬚即可。

入籠發酵

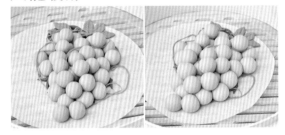

9

將葡萄麵糰放入蒸籠中，置於加熱至40℃水溫的蒸籠鍋上，蓋上鍋蓋，發酵至麵糰比原先膨脹約1.5倍大。

蒸

10

開中火，開始計時蒸約18分鐘。時間到關火，靜置5分鐘，再輕慢掀開鍋蓋。

出籠冷卻

11

快速放於置涼架上冷卻即可。

步驟11重點說明

因為葡萄一顆一顆揉製需要較長時間，因此蒸出來的葡萄會有少數出現皺皮狀況，其實，這樣反而更真實自然唷！

多吃點！多吃點！好餓好餓的小白菜毛毛蟲！這樣才能變成美麗的蝴蝶唷！

好餓好餓的小白菜毛毛蟲

製作份量
4
隻

頭巾：桃色麵糰6g
觸角：白色麵糰1g×2
眼睛：黑色麵糰1g×2
白色麵糰約芝麻大小×2
嘴巴：桃色麵團約紅豆大小
綠色麵糰100g

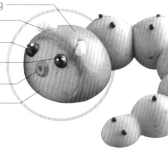

材料：

綠色小白菜麵糰1份約490g

紅麴粉少許　　　　　竹炭粉少許
調色麵糰用牛奶少許　黏合用牛奶少許

※脆綠小白菜麵糰配方做法請參考P37

步驟： 調色 → 分割 → 排氣 → 滾圓 → 塑型 → 入籠發酵 → 蒸 → 出籠冷卻

調色

分割

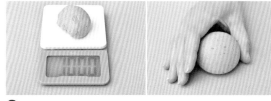

1
取15g小白菜麵糰加上少許竹炭粉仔細揉勻成黑色麵糰；取30g小白菜麵糰加上少許紅麴粉仔細揉勻成桃色麵糰；另準備10g白色麵糰備用。

步驟2重點說明
分割完的麵糰盡速用厚塑膠袋或布蓋著，以免表面變乾燥。

2
將小白菜麵糰分成每個100g，共4個；桃色麵糰也分成每個6g，共4個。

排氣→滾圓

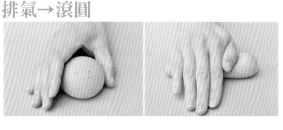

3
將分割好的綠色麵糰先仔細進行排氣與滾圓工作後，再搓成一邊較大的橢圓長條形麵糰。

步驟3重點說明
一定要確實做好排氣與滾圓，詳細手法請參考**P.32**。

塑型

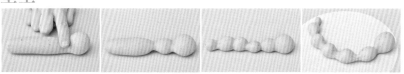

步驟4重點說明
搓的時候，身體的圓要比頭部小，但每一截不需要一樣大，這樣的毛毛蟲才會自然可愛。

4
接著，用手指從較大的一端搓出頭部，接著再以相同動作搓出身體後，放在大張的饅頭紙上。

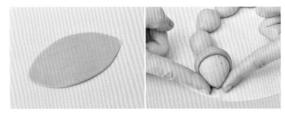

5

將分割好的桃色麵糰排氣後，用擀麵棍擀成橢圓形麵皮，在毛毛蟲頭部先刷上牛奶後，將麵糰黏上成為頭巾。

6

接著，取2g黑色麵糰分別搓圓成為眼睛，刷上少許牛奶黏上。

步驟6重點說明

眼睛的位置放在頭部靠近頭巾處，這樣會很可愛；當然也可以隨意放在自己喜歡的位置，或做出不同形狀的眼睛來達到不同的效果。

7

再取少許桃色麵糰搓成圓形，刷少許牛奶黏上後，用翻糖雕塑工具塑形出嘴巴形狀。

步驟7重點說明

嘴巴不一定要圓形，也不一定要黏在正中間，可以發揮自己的想像力來創作不同表情。

8

把剩下的黑色麵糰搓成小圓形，黏在毛毛蟲身上。

步驟9重點說明

黑色眼球貼上白色小麵糰，可以創造出水汪汪又有神的大眼睛。

9

另外取少許白色麵糰搓成細圓球，黏貼在眼球上。

10

取少許白色麵糰，搓成兩個長水滴形，用牙籤固定在毛毛蟲頭部，做出觸角。

入籠發酵

蒸

出籠冷卻

11

將毛毛蟲麵糰放入蒸籠中，置於加熱至40℃水溫的蒸籠鍋上，蓋上鍋蓋，發酵至麵糰比原先膨脹約1.5倍大。

12

開中火，開始計時蒸約18分鐘。時間到關火，靜置5分鐘，再輕慢掀開鍋蓋。

13

快速放於置涼架上冷卻即可。

蕉香四溢一串蕉

透出熟香的香蕉
風味饅頭，仿真技
巧，黃色果皮剝下，
還能出現白色果肉，
蒸的是香蕉呀！

蕉香四溢一串蕉

製作份量
2
串

材料：

香蕉白麵糰1份約490g　　栀子黃色粉2g　　　黏合用牛奶少許
調色麵糰用牛奶少許　　可可粉少許
抹茶粉少許　　　　　　刷色用牛奶少許

※蕉香四溢麵糰配方做法請參考P38
※亦可使用香甜南瓜麵糰取代黃色麵糰或使用薑黃粉取代栀子黃色粉。

香蕉白麵糰約30g
黃色麵糰約30g

步驟： 調色 → 分割 → 排氣 → 滾圓 → 塑型 → 入籠發酵 → 蒸 → 出籠冷卻

調色

1
取280g香蕉白麵糰加上2g栀子黃色粉
仔細揉勻成黃色麵糰。

分割

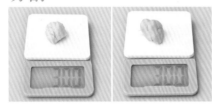

2
將香蕉白麵糰分成每個30g，共8個；
黃色麵糰也分成每個30g，共8個。

步驟2重點說明
分割完的麵糰盡速用厚塑膠
袋或布蓋著，以免表面變乾
燥。

排氣→滾圓

3
將分割好的黃色麵糰與香蕉白麵糰先仔細進行排氣與滾圓工作後，再搓成橢圓形麵
糰。

步驟3重點說明
一定要確實做好排氣與滾
圓，詳細手法請參考**P.32**。

塑型

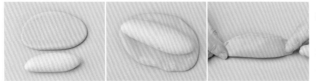

4
用**擀麵棍**將黃色麵
糰**擀**成比香蕉白麵
糰稍大的麵皮，再
將香蕉白麵糰包入
後，捏緊收口。

5

接著，將麵糰放在雙掌中，仔細滾整成香蕉形狀。

步驟5重點說明

記得將一端搓出尖細，一端較鈍圓，這樣會更像香蕉。

6

取3～4條香蕉，再頂端塗少許牛奶先黏成一串，再取少許黃色麵糰搓成小橢圓，黏在頂端作成蒂頭。

7

將刷色用抹茶粉與可可粉分別用牛奶調勻成綠色與棕色。

步驟8重點說明

用牙籤沾可可液點綴在香蕉局部，可以讓香蕉更逼真喔！

8

接著先刷上綠色後，再刷上棕色，讓香蕉更自然。

入籠發酵

9

將香蕉麵糰放入蒸籠中，置於加熱至40℃水溫的蒸籠鍋上，蓋上鍋蓋，發酵至麵糰比原先膨脹約1.5倍大。

蒸

10

開中火，開始計時蒸約18分鐘。時間到關火，靜置5分鐘，再輕慢掀開鍋蓋。

出籠冷卻

11

快速放於置涼架上冷卻即可。

麵皮上輕割一刀，自然迸裂出巧克力塊痕跡，上下兩層，中間包巧克力豆，軟香甜蜜～

濃情巧克力饅頭

材料：

鮮奶麵糰1份約490g　　可可粉10g
調色麵糰用牛奶少許　　巧克力豆60g

※經典鮮奶麵糰配方做法請參考P34

可可麵糰約160g

步驟： 調色 → 排氣 → 滾圓 → 分割 → 塑型 → 入籠發酵 → 蒸 → 出籠冷卻

調色

1

將鮮奶麵糰加入可可粉與少許牛奶，仔細揉勻成可可麵糰。

排氣→滾圓

2

將棕色麵糰仔細排氣後滾圓，並用厚塑膠袋覆蓋靜置鬆弛約5分鐘。

步驟2重點說明
一定要確實做好排氣與滾圓，詳細手法請參考P.32。

分割

3

先從麵糰中心擀薄，保留前後不擀，接著將麵糰轉90°，再用擀麵棍直接擀開，擀成35cmX15cm的長方形麵片。

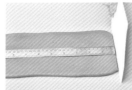

4

接著，用切麵刀先將多餘的麵皮切除後，切成5cm寬的等寬麵皮共6份。

塑形

5

取兩份麵皮，先在一片鋪上20g巧克力豆，用擀麵棍將巧克力豆壓入麵皮中。

步驟5重點說明

將巧克力豆壓入麵皮中，才不會在貼合時產生空氣而導致發酵後，麵糰凹凸不平。

6

接著取另一片麵皮，用擀麵棍稍擀寬後，貼在鋪有巧克力豆的麵皮上。

步驟7重點說明

一定要將四周壓密，使用切麵刀壓紋路時，也要注意不可壓破麵皮。

7

將四邊捏緊放在饅頭紙上，再用切麵刀壓出巧克力格紋。

入籠發酵

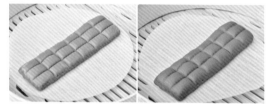

8

將可可麵糰放入蒸籠中，置於加熱至40℃水溫的蒸籠鍋上，蓋上鍋蓋，發酵至麵糰比原先膨脹約1.5倍大。

蒸

9

開中火，開始計時蒸約18分鐘。時間到關火，靜置5分鐘，再輕慢掀開鍋蓋，並用切麵刀再壓深紋路。

出籠冷卻

10

快速放於置涼架上冷卻即可。

叮叮噹雪人花圈

叮叮噹～～叮叮噹～～門上掛的，可是美味香甜的饅頭花圈唷！這樣聖誕老公公會不會多送一份禮物呢？

叮叮噹雪人花圈

材料：

鮮奶麵糰1份約490g　　紅麴粉少許

蘿蔔紅色粉少許　　　　梔子黃色粉少許

梔子藍色粉少許　　　　竹炭粉少許、抹茶粉少許

可可粉少許　　　　　　調色麵糰用牛奶少許

刷色用紅麴粉少許　　　刷色用牛奶少許、黏合用牛奶少許

※經典鮮奶麵糰配方做法請參考P34

紅色麵糰少許

帽子：棕色麵糰、白色麵糰少許

頭部：白色麵糰20g

眼睛：黑色麵糰少許

棕色＋白色混色麵糰少許

黃色麵糰5g

鼻子：橘麵糰少許

藍色麵糰少許

步驟：調色 → 分割 → 排氣 → 滾圓 → 塑型 → 入籠發酵 → 蒸 → 出籠冷卻

調色

1

取40g白色麵糰加上梔子黃色粉；20g白色麵糰加上竹炭粉；20g白色麵糰加上梔子藍色粉；10g白色麵糰加上可可粉；10g白色麵糰加上抹茶粉；5g白色麵糰加上蘿蔔紅色粉，分別加少許牛奶揉成各色麵糰。

分割

2

將140g白色麵糰分割成每個20g，共7個；再取35g黃色麵糰分割成每個5g，共7個。

排氣→滾圓

3

將分割好的白色麵糰先仔細進行排氣與滾圓工作後，擺放成圓形，放置在饅頭紙上。

步驟2重點說明
尚未使用的麵糰用厚塑膠袋包好放入冰箱冷藏備用。

步驟3重點說明
每個麵糰的間距至少保留約一指寬。

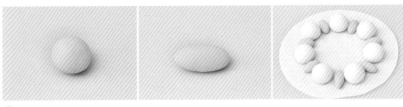

4

將分割好的黃色麵糰仔細排氣滾圓後，整滾成橄欖型，放在白色麵糰之間。

塑型◆A 帽子

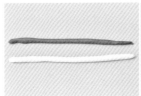 

5

取10g白色麵糰與10g棕色麵糰，分別搓成長條形後，對切成四等份。

 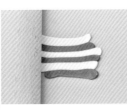 

6

接著各取三段合併後，用擀麵棍擀成交錯顏色的麵皮，再用刀子切成三角形，並貼在最頂端的白色麵糰上。

步驟6重點說明

所有的麵糰在貼合前都應該要先用水彩筆刷上牛奶，否則發酵後很容易脫落。

7

接著取一條剩下的白色麵糰，貼合於帽子與頭部的接合處。

8

另取2g白色麵糰搓圓後，黏貼於帽子頂端。

9

取5g白色麵糰與5g棕色麵糰，混合滾整成混色麵糰。

步驟9重點說明

製作混色麵糰，千萬不可揉得太均勻，以免花紋消失。

10

再分成1g共8份，滾圓後黏於黃色麵糰上。

步驟10重點說明

在花圈下方黃色麵糰的左右各放一顆混色麵糰，當作雪人的圍巾。

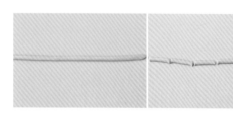

11

另取藍色麵糰滾整成約1cm高的長條，再切成約3.5cm的小段。

12

用剪刀剪出鬚狀，壓黏在步驟8的混色圓球下。

◆C 眼睛&鼻子&嘴巴

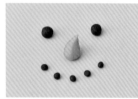

13

使用黑色麵糰搓出2個眼睛與嘴巴的小圓點，取橘色麵糰搓出水滴狀再依序將所有眼睛、鼻子與嘴巴黏上。

步驟13重點說明

嘴巴可以使用芝麻取代，一方面可以節省許多時間，一方面也另有一種效果。

◆D 最後裝飾

14

取少許紅色麵糰搓出三個大小不等的小圓；另外取少許綠色麵糰，先搓成紡錘狀後，再以擀麵棍擀成麵皮，接著，使用小刀切出葉子與葉脈形狀。

15

先在帽緣刷上牛奶,再黏上葉子。

16

在葉子上刷上牛奶,再將紅色球果黏上。

17

然後用剪刀將帽緣與帽子頂端的白色麵糰剪出毛球效果。

步驟17重點說明

剪毛邊效果時,盡量剪細一些,會有毛茸茸的效果。

18

最後,用細毛水彩筆刷上紅麴液刷出腮紅即可。

步驟18重點說明

紅麴液是使用紅麴粉加少許牛奶或水調成,顏色深淺可依個人喜愛調整。

入籠發酵

19

將花圈麵糰放入蒸籠中,置於加熱至40℃水溫的蒸籠鍋上,蓋上鍋蓋,發酵至麵糰比原先膨脹約1.5倍大。

蒸

20

開中火,開始計時蒸約18分鐘。時間到關火,靜置5分鐘,再輕慢掀開鍋蓋。

出籠冷卻

21

快速放於置涼架上冷卻即可。

Chapter 6 同場加映
高階成就挑戰篇

精美的食物不只可以滿足味蕾，更可以讓心靈得到滿足，

一起用心製作充滿成就感的3D立體造型饅頭吧！

送健康、送財
氣、送祝福，讓我們一起
製作美味又健康的
立體饅頭吧

3D立體招財貓

製作份量
1
個

材料：

鮮奶麵糰350g　　　紫地瓜粉少許　　　梔子黃色粉少許
蘿蔔紅色粉少許　　　紅麴粉少許　　　　竹炭粉少許
抹茶粉少許　　　　　可可粉少許　　　　調色麵糰用牛奶
刷色用紅麴粉少許　　寫字用竹炭粉少許　刷色用牛奶少許
黏合用牛奶少許　　　栗子餡30g

※經典鮮奶麵糰配方做法請參考P34
※栗子餡配方做法請參考P25

頭部：白色麵糰約80g
耳朵：白色＋粉色麵團2.5g×2
黑色麵糰少許
嘴巴：紅色麵糰少許
手：白色麵糰6gX2＋紅色麵糰少許
圍巾：白色麵糰10g＋紫色麵糰10g
黃色麵糰3g＋棕色、紅色麵糰少許
腳：白色麵糰4gX2＋紅色麵糰少許
身體：白色麵糰約80g

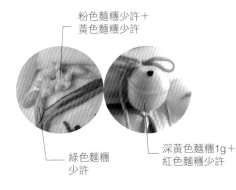

粉色麵糰少許＋黃色麵糰少許
綠色麵糰少許
深黃色麵糰1g＋紅色麵糰少許

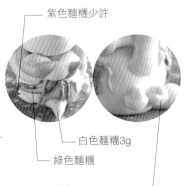

紫色麵糰少許
白色麵糰3g
綠色麵糰
淡黃色麵糰1.5gX2

步驟： 調色 → 分割 → 排氣 → 滾圓 → 塑型 → 入籠發酵 → 蒸 → 出籠冷卻

調色

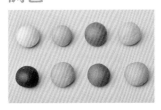

1

將白色麵糰分割成一份25g麵糰與每個約20g共7份，25g麵糰加入紫地瓜粉；其他20g麵糰分別加入梔子黃色粉、蘿蔔紅色粉、紅麴粉、竹炭粉、抹茶粉、可可粉，加少許牛奶後，仔細揉勻調成淡黃色、深黃色（梔子黃色粉加多一些即可）、紅色、粉色、黑色、綠色、棕色與紫色。

分割→排氣→滾圓

2

另取二份80g白色麵糰仔細進行排氣與滾圓工作。

步驟2重點說明

尚未使用的麵糰用厚塑膠袋包好放入冰箱冷藏備用。

包餡

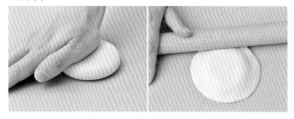

3

一份80g白色麵糰壓扁，擀成四周薄中間後的麵皮。

步驟3重點說明

擀開的麵皮大約是餡料的2.5倍寬，這樣才會好包！

步驟4重點說明

完美的收口要像肚臍眼一樣小小的。

4

包入30g栗子餡，收口捏緊，將收口壓平，桌面滴少許牛奶，收口朝下置於牛奶上，滾圓幫助收口密合。

塑型◆A 頭部

5

另取一份80g麵糰用手掌將麵糰推高後，放置饅頭紙上。

步驟5重點說明

推高的麵糰在發酵後，就會變成飽滿的圓圓貓臉。

6

用手掌壓出兩個眼凹，再用翻糖雕塑工具整型。

7

接著，取3g白色麵糰與2g粉色麵糰，分別排氣搓圓後，搓成紡錘形。

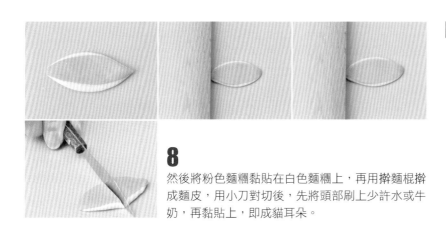

8

然後將粉色麵糰黏貼在白色麵糰上，再用**擀麵棍擀**成麵皮，用小刀對切後，先將頭部刷上少許水或牛奶，再黏貼上，即成貓耳朵。

◆B 身體

9

用雙手手掌將包好餡料的白色麵糰滾整成高聳的圓錐形，接著使用翻糖雕塑工具將上端壓出一個淺凹槽，成為貓身體。

◆C 貓手

10

接著，做貓左手。先取6g白色麵糰，搓圓後，放在掌心搓成一端較粗的橢圓長條，然後用手指在較粗端的地方稍微搓整出貓掌，另一端則捏扁。

11

在身體左側先刷上牛奶後，將貓手黏上並順勢用水彩筆刷整黏貼接縫處。

步驟8重點說明

a貼好耳朵後，用手稍微塑形一下，讓貓耳朵更立體。

b做好的頭部，先用厚塑膠袋套起來，防止表皮因乾燥而裂開。

步驟9重點說明

盡量將麵糰推高，這樣發酵好的麵糰才能呈現飽滿的貓身體，否則會變得扁塌。

◆D 圍巾

12

然後，先做脖子上的圍巾。取10g白色麵糰與10g紫色麵糰，搓圓後再搓成橢圓形，在麵糰約1/2處交疊後整滾成混色長條，然後將兩端搓尖。

13

將麵條環繞打成一個平結，然後黏貼在麵糰上方處即成圍巾。

步驟13重點說明

用手指稍微壓一下圍巾較突出的地方，讓麵糰更密合，也順便調整成更自然圍繞脖子的圍巾。

◆E 尾巴

14

另取6g白麵糰做貓右手。與步驟13相同滾整方式，做出另外一隻貓手，並將貓手黏在身體右側。

步驟14重點說明

貓掌記得朝外，這樣才會有招財手勢喔！

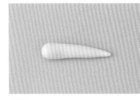

15

再取3g白色麵糰做貓尾巴。將麵團搓成一端尖一端粗的小麵條，並用翻糖雕塑工具將粗的一端壓出圓形凹槽後，黏貼在尾巴的部位。

◆F 貓腳

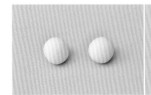

16

最後，做貓腳。取4g白色麵糰二份，各別搓圓後，再滾整成一端尖扁的橢圓形，將尖扁端壓黏在身體兩側成為貓腳。

步驟16重點說明

先將麵糰一端稍微壓扁，可以幫助貓腳更貼合底部，發酵後，身體不會歪斜。

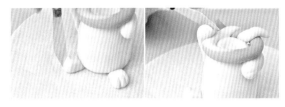

17
用小刀將貓腳、貓掌壓出指甲痕跡。

18
先取少量紅色麵糰搓成長水滴形後黏貼在腳掌溝縫處，再用小刀壓入溝縫。

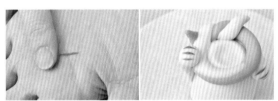

19
再取少量紅色麵糰在手掌搓成極細後，黏貼在貓掌上。

◆**C** 身體裝飾－留言板

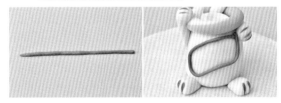

20
取棕色少量麵糰，搓出均勻長條後，在貓肚子上，斜貼成長方形。

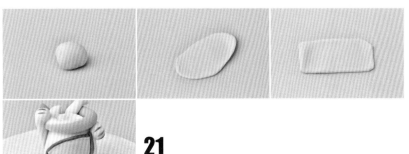

21
接著，取3g淡黃色麵糰搓成圓形後，在用擀麵棍擀扁，用小刀切成長方形，貼在肚子的棕色框內。

22
再取少量紅色麵糰搓成比棕色長條更細的均勻長條，黏貼在棕色框內。

◆D 身體裝飾－小花

步驟23重點說明
可以將部份花朵的花瓣捏稍扁，做出花朵盛開的樣子。

23
取3顆紅豆大小的粉色麵糰，搓成水滴形後，用剪刀剪成五瓣花朵狀。

24
使用少許淡黃色麵糰搓出花蕊，並使用牙籤將花蕊固定在花朵中心，接著使用剪刀從花朵底部剪下即可。

步驟25重點說明
記得所有黏貼動作都要先使用水彩筆刷塗上一層水或牛奶喔！

25
取少量綠色麵糰，先搓成長水滴狀後，用小刀畫出葉脈，最後依序將小花與葉子黏在肚子的留言板左上方。

◆E 身體裝飾－紫藤花

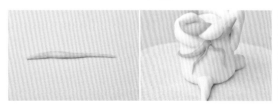

26
取少許綠色麵糰，搓成不規則長條，掛黏在招財貓的背部做成紫藤藤蔓。

剪出美麗紫藤花的訣竅在於邊剪邊旋轉手上固定麵糰的牙籤，這樣剪出來的紫藤花才會自然好看。

27

接著取少許紫色麵糰搓成上粗下細的長條後，使用牙籤從粗端插入固定。接著，使用剪刀仔細剪出紫藤花紋，最後，在用牙籤固定在藤蔓上。重複上述動作，多做幾串紫藤花固定在藤蔓上。

◆F 身體裝飾－金元寶

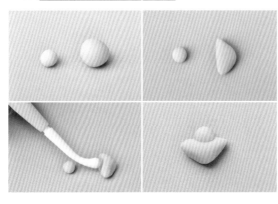

28

取1g和0.5g淡黃色麵糰分別搓圓後，將較大麵糰整成三角形，再用翻糖工具將中間壓一個凹洞，接著再把小麵糰黏入即可。

29

重複上述動作做出2個金元寶後，黏在招財貓的右側手下方。

要做出飽滿的金元寶，要將較大深黃色麵糰捏出像元寶弧度的三角形而非正三角形喔！

◆F 貓臉五官

30

取出已發酵成飽滿貓臉的頭部，取2顆綠豆大小的黑色麵糰，搓成細長條後，黏在貓臉上。

31

接著取少許紅色麵糰,同樣搓成細長條,用牙籤從中間勾起,放置再眼睛下方,並調整好微笑弧度。

32

接著取少許黑色麵糰,搓成細小長水滴狀,共作出6條,黏在貓臉頰兩側,做成貓鬚。

33

最後在貓臉頰上淡淡刷上以紅麴粉與牛奶或水調成的紅麴液成為腮紅。

步驟32重點說明

黏貼上嘴巴、鬍鬚時,要記得在貓臉嘴巴位置先用水彩筆刷上少許水或牛奶。

◆G 身體裝飾－鈴鐺

34

取1g深黃色麵糰搓成圓形,黏在圍巾左側留言板上方,用小刀橫壓一條紋路。

35

接著再搓出一條深黃色細長條,黏在壓痕上。最後取一顆芝麻大的黑色麵糰搓圓黏在鈴鐺上方。

步驟34重點說明

黏上麵糰後,要稍微壓扁,一方面讓形狀更像鈴鐺,另一方面也能黏合得更緊密。

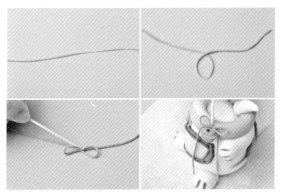

36

最後取粉色麵糰搓成細長條,交叉後,用牙籤壓出蝴蝶結,黏在鈴鐺上方。

步驟36重點說明

蝴蝶結的大小可依自己喜好調整,底下的線條則要長一點會比較好看!

◆H 留言板寫字

37

將竹炭粉加少許牛奶或水調成濃稠膏狀後,使用細毛水彩筆寫上想要的文字。

入籠發酵

38

將招財貓頭部與身體麵糰分別放入蒸籠中,置於加熱至40℃水溫的蒸鍋上,蓋上鍋蓋,發酵至麵糰比原先膨脹約1.5倍大。

蒸

39

開中火,開始計時蒸約18分鐘。時間到關火,靜置5分鐘,再輕慢掀開鍋蓋。

出籠冷卻

40

快速放於置涼架上冷卻,然後將頭部放在身體上即可。

對你的愛愛愛
□完～360度零死
角的可愛熊熊，再看
□，就要把妳吃掉
囉！

3D坐立轉頭熊熊

製做份量
1
隻

耳朵：粉色麵糰約1g＋白色麵糰0.5g
頭部：粉色麵糰約50g
嘴巴：白色麵糰約1g
手：粉色麵糰約4g×2
身體：粉色麵糰約60g
腳：粉色麵糰約5g×2
手腳掌：白色麵糰紅豆大小×4
＋芝麻大小×16
棕色麵糰約少許
肚子：白色麵糰約5g
文字：紅色麵糰約5g

材料：

鮮奶麵糰200g

可可粉少許

刷色用牛奶少許

黏合用牛奶少許

紅麴粉少許

蘿蔔紅色粉少許

刷色用紅麴粉少許

芋頭餡20g

栀子藍色粉少許

調色麵糰用牛奶

※經典鮮奶麵糰配方做法請參考P34
※芋泥餡配方做法請參考P26

步驟： 調色 → 分割 → 排氣 → 滾圓 → 塑型 → 入籠發酵 → 蒸 → 出籠冷卻

調色

1

將白色麵糰140g加入少許紅麴粉與蘿蔔紅色粉。

2

取白色麵糰20g加上栀子藍粉；再取10g白色麵糰共二份，分別加入蘿蔔紅色粉
與可可粉，分別加少許牛奶後，仔細揉勻調成粉色、淡藍色、紅色與棕色。

分割→排氣→滾圓

3

將粉色麵糰分割成50g與60g二份麵糰後仔細進行排
氣與滾圓工作。

步驟3重點說明

尚未使用的麵糰用厚塑膠袋
包好放入冰箱冷藏備用。

包餡

4

將其中一份白色麵糰壓扁，擀成四周薄中間後的麵
皮。

步驟4重點說明

擀開的麵皮大約是餡料的2.5
倍寬，這樣才會好包！

171

5

包入20g芋頭餡，收口捏緊，將收口壓平，桌面滴少許牛奶，收口朝下置於牛奶上，滾圓幫助收口密合。

步驟5重點說明

完美的收口要像肚臍眼一樣小小的。

塑型◆A 熊熊頭部

6

用手掌將排氣滾圓的麵糰推高後，放置饅頭紙上。

步驟6重點說明

推高的麵糰在發酵後，就會變成飽滿的熊熊臉。

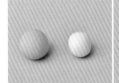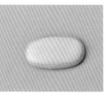

7

取1g粉色麵糰與0.5g白色麵糰搓圓後，再搓成橢圓形，並將白色麵糰疊於粉色麵糰上，然後再用擀麵棍滾扁。

8

接著，用小刀取兩端橢圓部分當耳朵，先在頭部兩側刷上少許水或牛奶後，將耳朵黏上。

步驟8重點說明

熊熊耳朵要短短的才好看，所以只取兩端橢圓麵皮即可，中間切下的麵皮就不要使用了。

9

最後，取1g白色麵糰，搓圓後黏在鼻子位置，稍微壓扁即成熊熊鼻子。

步驟9重點說明

做好的頭部先用厚塑膠袋套起來，防止表皮因乾燥而裂開。

◆B 熊熊身體

10

用雙手手掌將包好餡料的白色麵糰滾整成高聳的圓錐形，接著使用翻糖雕塑工具將上端壓出一個淺凹槽，成為熊熊身體。

步驟10重點說明

盡量將麵糰推高，且要保持身體重心的端正，以免發酵後，身體傾倒歪斜！

11

取5g白色麵糰做肚皮。先將麵糰搓成長水滴形,再用　麵棍　成麵皮後,再黏上成為肚皮。

◆C 熊熊手臂&腳

12

先取4g粉色麵糰二份,搓圓後,放在掌心先搓成一端較粗的橢圓長條,然後用手指在較粗端的地方稍微搓整出熊掌,另一端則捏扁,在身體兩側先刷上牛奶後,將熊熊手臂黏上並順勢用水彩筆刷整黏貼接縫處。

13

做完手臂後,緊接著做熊熊腳。取5g粉色麵糰二份,整型方式與步驟12相同,再黏貼於熊熊身體底端兩側。。

◆D 熊熊尾巴&腳掌

14

首先使用翻糖雕塑工具壓出屁屁壓痕,再取1g粉色麵糰搓圓後,黏貼在屁屁壓痕上方即成尾巴。

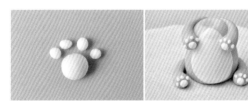

15

接著,再取1顆紅豆大小與4顆芝麻大小的白色麵糰,分別搓圓後成為一組腳掌。做出上述白色麵糰共四組,黏貼於手掌與腳掌位置。

◆E 身體裝飾－蝴蝶結

16

取淡藍色麵糰,先搓成約0.5cm高的麵條約20cm,再用擀麵棍擀薄。

步驟11重點說明
記得所有黏貼動作都要先使用水彩筆刷塗上一層水或牛奶喔!

步驟12重點說明
可參考立體招財貓手掌做法。

步驟15重點說明
小細節的黏貼一定要固定牢靠,以免發酵時脫落。

步驟16重點說明
擀薄前,撒上少許手粉,可以避免沾黏。

17

接著使用小刀將兩端切除三角形麵皮。

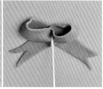

18

將 麵 皮 交 互 對 疊後，將下方麵皮拉至交錯處，再用牙籤壓黏出蝴蝶結樣式。

19

先再熊熊身體背後刷上少許水或牛奶後，將蝴蝶結固定黏上。

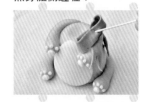
◆E 身體裝飾－LOVE

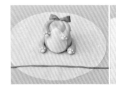

20

取少許紅色麵糰，搓出至少約20cm的細長條，再黏出「LOVE」字樣在肚皮上。

◆F 熊熊五官

21

此時，取出已稍微發酵膨脹的熊熊頭部，開始進行裝飾。取2顆紅豆大小的棕色麵糰，搓圓後黏上。

22

再取1g棕色麵糰，先搓成水滴狀後，再小刀內壓成愛心形狀，貼在白色鼻子上方成為鼻頭。

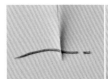

23

最後，將棕色麵糰搓出極細麵條，用牙籤修飾出嘴巴表情。

24

最後在兩頰刷上紅麴液成為腮紅即可。

入籠發酵

25

將熊熊頭部與身體麵糰分別放入蒸籠中,置於加熱至40℃水溫的蒸鍋上,蓋上鍋蓋,發酵至麵糰比原先膨脹約1.5倍大。

蒸

26

開大火,開始計時蒸約18分鐘。時間到關火,靜置5分鐘,再輕慢掀開鍋蓋。

出籠冷卻

27

快速放於置涼架上冷卻。

組合

28

取一根棒棒糖棍,預留比熊熊身體高約2cm高度後,剪去多餘的部分。

29

接著,插入熊熊身體的正中心,再將頭部插上。

30

即成為可以轉動頭部的熊熊囉!

美姬老師小饅頭問診信箱

■ 關於揉麵問題

Q1：請問老師，揉麵該如何判斷是否已經揉好？

ANS： 很多學生都以為只要將麵糰揉至三光（即麵糰光、鋼盆光與手光）即可。

看似光滑的麵糰，其實裡面的麵粉與水分並沒有完全融合，此時切開麵糰，會發現組織呈現不規則紋理，且有少許孔洞。若再加把勁揉約 10～15 分鐘，再切開麵糰，就會發現麵團組織緊密且無紋理，這樣才表示麵糰已經揉製完成喔！

三光麵糰，組織尚未非常緊密。

經過約 10～15 分鐘揉壓麵糰，麵糰組織更緊密扎實。

Q2：請問老師，我非常認真的揉麵糰，本來還很光滑，但越揉卻發現麵糰反而越來越不光滑，請問這是什麼原因？

ANS： 如果發生這種情況，表示你揉得太認真，把麵糰的筋性揉斷啦！這是俗稱的「斷筋」。一旦斷筋，就無法挽救了。

麵糰一旦斷筋，就無法挽救了。

Q3：請問老師，在揉調色麵糰時，常常會覺得麵糰變得有點乾硬（尤其是加入可可粉或抹茶粉時），該怎麼辦？

ANS： 不管製作調色麵糰或一般麵糰，因為麵粉廠牌、色粉狀況或是天氣狀況，都會影響麵糰的軟硬度，因此，若覺得麵糰變得較硬不好揉製時，可以適時添加少許的水分或牛奶，但也不可以加太多喔！如果麵糰變得太軟，後續如果想做造型饅頭，就會變得很難操作了。

尤其加入較多色粉時，添加一些水或牛奶，可以幫助色粉揉合。

Q4：請問老師，使用有些蔬果泥揉製麵糰時，為什麼會特別黏？

ANS： 有些蔬果泥的果膠成分含量比較多，例如紅龍果，在剛開始揉麵糰的時候，就會特別黏，此時先不要添加麵粉，先揉一段時間，待麵粉完全吸收果泥後，如果還是很黏手，再斟酌每次加少許麵粉來調整，千萬不可以一開始就加入大量麵粉，因為過多的水分也會容易讓麵糰發酵。

使用蔬果泥製作麵糰時，有的一開始比較濕黏是正常的。

■ 關於排氣與滾圓問題

Q1：請問老師，為什麼麵糰已經揉到光滑細緻了，還必須排氣？

ANS： 麵糰攪拌時也會將空氣拌入，單獨逐一排氣，確實能將每一顆麵糰再揉製得更加細膩光滑，如果較不講求外觀平滑，就可以跳過此步驟。

經過分割後仔細排氣揉製的麵糰，蒸出來的饅頭組織細緻且口感極佳。

Q2：請問老師，麵糰滾圓時，要怎麼讓收口變小？

ANS： 在滾圓的時候，先將分割好的麵糰放在手掌中，以順時針或逆時針同一方向持續滾圓麵糰，讓麵糰在掌心逐漸變成圓形。接著，在桌面滴 1~2 滴水或牛奶，將收口放在上面，稍微施力，繼續滾圓麵糰，此時，麵糰的收口因為接觸水分而變得更緊密。

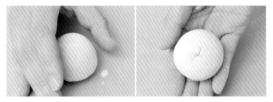

先在桌上滴 1~2 滴水或牛奶，稍微滾圓，就可以將收口收到如肚臍眼般。

Q3：請問老師，有時一次分割排氣多個麵糰時，麵糰表面都會變乾，怎麼辦？

ANS： 如果一次要製作的數量很多，建議先將 1/2 份量的麵糰放入盆中，表面封上保鮮膜，放入冰箱冷藏，再繼續操作。除了操作中的麵糰，剩餘的麵糰則用厚塑膠袋蓋上，切勿使用保鮮膜接觸蓋在麵糰表面，以免保鮮膜黏在麵糰上，破壞辛苦滾整圓滑的麵糰表面。

附蓋麵糰要使用厚塑膠袋，千萬不可使用保鮮膜，以免沾黏。

■ 關於整型問題

Q1：請問老師，因為整型的速度比較慢，所以當做完後發現饅頭表面變得凹凸不平，怎麼辦？

ANS： 如果是在整型時發生這個問題，可以用牙籤將氣泡刺破即可。若是造型完成後的表面出現，則可以先用牙籤刺破氣泡後，稍微用水抹平即可。

邊整型邊將發酵中出現的孔洞去除，可以確保成品蒸熟後表面細緻美觀。

Q2：請問老師，為什麼我的饅頭在切割整型發酵後，切口都下陷發不起來？

ANS： 那是因為在切麵糰的階段，就發生問題了。使用刀具切麵糰的時候，千萬不可以用力壓切下，這樣麵糰的切口就會發不起來，應該使用輕輕來回下切的方式讓麵糰切口維持平整。

圖片右側為用力下切，造成切口無法完整發酵。
正確的切口應如圖片左側，仍然維持麵糰正常高度。

Q3：請問老師，為什麼我的造型饅頭在發酵之後，都會有一些造型的小地方掉落？
（例如眼睛、睫毛之類的）

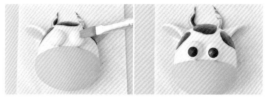

ANS： 做造型饅頭最擔心的就是，許多地方會因為發酵後掉落，這時候要再補救都事倍功半，因此，一定要不怕麻煩的在每個環節黏貼前，先用水彩筆刷一層薄薄的水或牛奶再進行黏貼，這樣所有配件才會牢固。

在黏貼每個部位前，一定要記得刷上少許的水或牛奶。

▨ 關於發酵問題

Q1：請問老師，為什麼蒸好的饅頭表面都凹凸不平，而且顏色不均勻？

ANS： 如果蒸好的饅頭體積小、手感硬、表皮黃褐色，這通常是發酵不足；如果體積較大、手感鬆軟、表皮皺皺的，通常是發酵過度。若發酵不足，那麼下次進入發酵步驟時，時間就要加長，如果發酵過度，那麼也要在下次製作時，縮短發酵時間。多做幾次累積經驗值，就能輕鬆掌握發酵狀態。

發酵不足就會蒸出像這樣的石頭饅頭。

Q2：請問老師，我應該怎麼確定饅頭是否已經發酵完成，可以開始蒸了？

ANS： 判斷麵糰是否發酵到最佳狀態的方法，有兩種方式：

一、體積判斷法：適合工整形狀的饅頭。例如圓形的饅頭，滾圓後可先用尺測量圓球直徑，待麵糰發酵至1.5 倍大小即可開始蒸製，例如：滾圓後直徑是 4cm 大小的麵糰，發酵至 4X1.5 = 6cm 即可開始蒸製。

圓形的造型饅頭，可用尺測量判斷發酵狀態。

二、觸感判斷法：多使用在不規則造型的饅頭，透過手感觸碰麵糰後的軟硬度及彈性做判斷。發酵完成的麵糰除了體積膨脹之外，輕輕觸碰按壓應該會慢慢回彈。如果快速快彈，表示尚未發酵完全；如果無法回彈，表示已經發酵過頭了。

不規則的造型饅頭，則使用觸感來判斷發酵狀態。

■ 關於蒸製問題

Q1：請問老師，可以使用電鍋來蒸饅頭嗎？有沒有什麼重點需要注意的？

`ANS：` 當然可以使用電鍋蒸饅頭囉！而且利用電鍋的保溫功能來發酵是最好的。使用電鍋蒸饅頭的注意重點是：

1. 首先蒸籠要吻合電鍋口，這樣蒸氣才不會外洩（若使用鐵蒸籠，請在鍋蓋綁上蒸籠棉布）。

2. 先將外鍋倒入 2 杯量米杯水，按下加熱按鈕約 1 分鐘，將水加熱到 40℃左右，即可轉至「保溫」按鈕，開始進行發酵。

3. 待發酵完成後，按下電鍋按鈕，即可開始蒸饅頭。

4. 電鍋開關跳起後，先燜 5 分鐘，再緩緩開起鍋蓋即可。

Q2：請問老師，我家是用鐵蒸籠，為什麼每次蒸出來的饅頭都很不光滑細緻？

`ANS：` 造成不光滑細緻的原因有很多，從揉麵糰開始都會影響後續蒸出來的成品，但如果單就鐵蒸籠來說，以下幾個重要事項必須注意：

1. 鍋內的水不可超過鍋深的 1/3 高度。以免蒸製時，水氣離麵糰太近，造成饅頭表面水分太多。

2. 鍋蓋要綁上蒸籠棉布。鐵蒸籠不像竹蒸籠，具有透氣功能，為了避免水氣從上方滴落到麵糰上，所以要綁上蒸籠棉布。

3. 將鍋中的水加熱至約 40℃左右，再將蒸籠放上開始發酵。

4. 開火蒸時，鍋蓋要預留一小細縫，讓多餘的蒸氣透出。

5. 蒸好的饅頭關火後，先燜 5 分鐘後再緩緩輕開鍋蓋。

Q3：請問老師，為什麼我用天然蔬果色粉或天然蔬果泥做的麵糰，蒸出來的成品會褪色？

ANS： 天然色粉有太多迷人的地方，不只是鮮豔的色澤，還有迷人的香氣及寶貴的營養，這是都是化學色素望塵莫及的，但並非所有天然食材都適合用於造型饅頭調色，例如天然草莓粉、洛神花粉，這些顏色經過高溫蒸煮後都會褪色，無法達到我們希望的配色效果。

本書中，所使用的天然色粉都是老師實際測試後，確定能讓蒸好的造型饅頭顏色穩定，因此大家可以安心使用，不必擔心褪色問題。另外，本書所使用的蔬果泥，也是在多次實驗使用後，所選擇出顏色能較為飽滿與穩定的食材。但唯一一種食材「紅龍果」，因為花青素較不穩定，建議不要蒸太久，以防止褪色。

使用天然蔬果泥，蒸好的成品顏色會有些許色差，這是正常的喔！

烘焙材料行一覽表

北部地區

名稱	郵遞區號	地址	電話
富盛	200	基隆市仁愛區曲水街 18 號	（02）2425-9255
美豐	200	基隆市仁愛區孝一路 36 號	（02）2422-3200
新樺	200	基隆市仁愛區獅球路 25 巷 10 號	（02）2431-9706
嘉美行	202	基隆市中正區豐稔街 130 號 B1	（02）2462-1963
證大	206	基隆市七堵區明德一路 247 號	（02）2456-6318
精浩（日勝）	103	台北市大同區太源路 175 巷 21 號 1 樓	（02）2550-6996
燈燦	103	台北市大同區民樂街 125 號	（02）2557-8104
洪春梅	103	台北市大同區民生西路 389 號	（02）2553-3859
佛晨（果生堂）	104	台北市中山區龍江路 429 巷 8 號	（02）2502-1619
金統	104	台北市中山區龍江路 377 巷 13 號 1 樓	（02）2505-6540
申崧	105	台北市松山區延壽街 402 巷 2 弄 13 號	（02）2769-7251
義興	105	台北市松山區富錦街 574 巷 2 號	（02）2760-8115
向日葵	106	台北市大安區市民大道四段 68 巷 4 號	（02）8771-5775
樂烘焙	106	台北市大安區和平東路三段 68-8 號	（02）2738-0306
升源（富陽店）	106	台北市大安區富陽街 21 巷 18 弄 4 號 1 樓	（02）2736-6376
正大行	108	台北市萬華區康定路 3 號	（02）2311-0991
大通	108	台北市萬華區德昌街 235 巷 22 號	（02）2303-8600
升記（崇德店）	110	台北市信義區崇德街 146 巷 4 號 1 樓	（02）2736-6376
日光	110	台北市信義區莊敬路 341 巷 19 號	（02）8780-2469
飛訊	111	台北市士林區承德路四段 277 巷 83 號	（02）2883-0000
宜芳	111	台北市士林區社中街 99 號 1 樓	（02）2811-8267
嘉順	114	台北市內湖區五分街 25 號	（02）2632-9999
元寶	114	台北市內湖區環山路二段 133 號 2 樓	（02）2658-9568
橙佳坊	115	台北市南港區玉成街 211 號	（02）2786-5709
得宏	115	台北市南港區研究院路一段 96 號	（02）2783-4843
卡羅	115	台北市南港區南港路二段 99-22 號	（02）2788-6996
菁乙	116	台北市文山區景華街 88 號	（02）2933-1498
全家	116	台北市文山區羅斯福路五段 218 巷 36 號 1 樓	（02）2932-0405
大家發	220	新北市板橋區三民路一段 99 號	（02）8953-9111
全成功	220	新北市板橋區互助街 20 號（新埔國小旁）	（02）2255-9482
旺達（新順達）	220	新北市板橋區信義路 165 號	（02）2962-0114
愛焙	220	新北市板橋區莒光路 103 號	（02）2250-9376
聖寶	220	新北市板橋區觀光街 5 號	（02）2963-3112
盟昌	220	新北市板橋區縣民大道三段 205 巷 16 弄 17 號 2 樓	（02）2251-7823
加嘉	221	新北市汐止區汐萬路一段 246 號	（02）2649-7388
彰益	221	新北市汐止區環河街 186 巷 2 弄 4 號	（02）2695-0313
佳佳	231	新北市新店區三民路 88 號	（02）2918-6456
艾佳（中和）	235	新北市中和區宜安路 118 巷 14 號	（02）8660-8895
安欣	235	新北市中和區連城路 389 巷 12 號	（02）2225-0018

嘉元	235	新北市中和區連城路 224-16 號	（02）2246-1788
全家（中和）	235	新北市中和區景安路 90 號	（02）2245-0396
馥品屋	238	新北市樹林區大安路 175 號	（02）2686-2569
快樂媽媽	241	新北市三重區永福街 242 號	（02）2287-6020
豪品	241	新北市三重區信義西街 7 號	（02）8982-6884
家藝	241	新北市三重區重陽路一段 113 巷 1 弄 38 號	（02）8983-2089
今今	248	新北市五股區四維路 142 巷 14 弄 8 號	（02）2981-7755
德麥食品	248	新北市五股工業區五權五路 81 號	（02）2298-1347
銘珍	251	新北市淡水區下圭柔山 119-12 號	（02）2626-1234
艾佳（桃園）	330	桃園市永安路 281 號	（03）332-0178
湛勝	330	桃園市永安路 159-2 號	（03）332-5776
做點心過生活（桃園）	330	桃園市復興路 345 號	（03）335-3963
做點心過生活	330	桃園市民生路 475 號	（03）335-1879
和興	330	桃園市三民路二段 69 號	（03）339-3742
艾佳（中壢）	320	桃園縣中壢市環中東路二段 762 號	（03）468-4558
做點心過生活（中壢）	320	桃園縣中壢市中豐路 320 號	（03）422-2721
桃榮	320	桃園縣中壢市中平路 91 號	（03）422-1726
乙馨	324	桃園縣平鎮市大勇街禮節巷 45 號	（03）458-3555
東海	324	桃園縣平鎮市中興路平鎮段 409 號	（03）469-2565
家佳福	324	桃園縣平鎮市環南路 66 巷 18 弄 24 號	（03）492-4558
台揚（台威）	333	桃園縣龜山鄉東萬壽路 311 巷 2 號	（03）329-1111
陸光	334	桃園縣八德市陸光街 1 號	（03）362-9783
廣福林	334	桃園縣八德市富榮街 294 號	（03）363-8057
新盛發	300	新竹市民權路 159 號	（03）532-3027
萬和行	300	新竹市東門街 118 號	（03）522-3365
新勝（熊寶寶）	300	新竹市中山路 640 巷 102 號	（03）538-8628
永鑫（新竹）	300	新竹市中華路一段 193 號	（03）532-0786
力陽	300	新竹市中華路三段 47 號	（03）523-6773
康迪（烘培天地）	300	新竹市建華街 19 號	（03）520-8250
富讚	300	新竹市港南里海埔路 179 號	（03）539-8878
葉記	300	新竹市鐵道路二段 231 號	（03）531-2055
艾佳（新竹）	302	新竹縣竹北市成功八路 286 號	（03）550-5369
普來利	302	新竹縣竹北市縣政二路 186 號	（03）555-8086
天隆	351	苗栗縣頭份鎮中華路 641 號	（03）766-0837

中部地區

總信	402	台中市南區復興路三段 109-4 號	（04）2220-2917
永誠行（總店）	403	台中市西區民生路 147 號	（04）2224-9876
永誠行（精誠店）	403	台中市西區精誠路 317 號	（04）2472-7578

玉記（台中）	403	台中市西區向上北路 170 號	（04）2310-7576
永美	404	台中市北區健行路 665 號	（04）2205-8587
齊誠	404	台中市北區雙十路二段 79 號	（04）2234-3000
榮合坊	404	台中市北區博館東街 10 巷 9 號	（04）2380-0767
裕軒	406	台中市北屯區昌平路二段 20-2 號	（04）2421-1905
辰豐	406	台中市北屯區中清路 151-25 號	（04）2425-9869
利生	407	台中市西屯區西屯路二段 28-3 號	（04）2312-4339
利生	407	台中市西屯區河南路二段 83 號	（04）2314-5939
豐榮	420	台中市豐原區三豐路 317 號	（04）2527-1831
鼎亨	412	台中市大里區光明路 60 號	（04）2686-2172
美旗	412	台中市大里區仁禮街 45 號	（04）2496-3456
漢泰	420	台中市豐原區直興街 76 號	（04）2522-8618
永誠行	500	彰化市三福街 195 號	（04）724-3927
永誠行	500	彰化市彰新路 2 段 202 號	（04）733-2988
王誠源	500	彰化市永福街 14 號	（04）723-9446
億全	500	彰化市中山路二段 252 號	（04）723-2903
永明	500	彰化市磚窯里芳草街 35 巷 21 號	（04）761-9348
永明	500	彰化市和美鎮彰草路二段 120-8 號	（04）761-9348
上豪	502	彰化縣芬園鄉彰南路三段 355 號	（04）952-2339
金永誠	510	彰化縣員林市永和街 22 號	（04）832-2811
順興	542	南投縣草屯鎮中正路 586-5 號	（049）233-3455
信通	542	南投縣草屯鎮太平路二段 60 號	（049）231-8369
宏大行	545	南投縣埔里鎮清新里雨樂巷 16-1 號	（049）298-2766
利昌珍	557	南投縣竹山鎮前山路一段 247 號	（049）264-2530
新瑞益（雲林）	630	雲林縣斗南鎮七賢街 128 號	（05）596-3765
彩豐	640	雲林縣斗六市西平路 137 號	（05）533-4108
巨城	640	雲林縣斗六市仁義路 6 號	（05）532-8000
宗泰	651	雲林縣北港鎮文昌路 140 號	（05）783-3991

南部地區

新瑞益（嘉義）	600	嘉義市仁愛路 142-1 號	（05）286-9545
福美珍	600	嘉義市西榮街 135 號	（05）222-4824
尚典	600	嘉義市四維路 370 號	（05）234-9175
名陽	622	嘉義縣大林鎮自強街 25 號	（05）265-0557
瑞益	700	台南市中區民族路二段 303 號	（06）222-4417
永昌（台南）	701	台南市東區長榮路一段 115 號	（06）237-7115
永豐	702	台南市南區賢南街 51 號	（06）291-1031
利承	702	台南市南區興隆路 103 號	（06）296-0152
松利	702	台南市南區福吉路 3 號	（06）228-6256
上品	703	台南市西區永華一街 159 號	（06）299-0728
世峰行	703	台南市西區大興街 325 巷 56 號	（06）250-2027
玉記（台南）	703	台南市西區民權路三段 38 號	（06）224-3333

銘泉	704	台南市北區和緯路二段 223 號	（06）251-8007
富美	704	台南市北區開元路 312 號	（06）237-6284
旺來鄉	717	台南市仁德區仁德村中山路 797 號 1F	（06）249-8701
玉記（高雄）	800	高雄市六合一路 147 號	（07）236-0333
正大行（高雄）	800	高雄市新興區五福二路 156 號	（07）261-9852
全成	800	高雄市新興區中東街 157 號	（07）223-2516
華銘	802	高雄市苓雅區中正一路 120 號 4 樓之 6	（07）713-1998
極軒	802	高雄市苓雅區興中一路 61 號	（07）332-2796
東海	803	高雄市鹽埕區大公路 49 號	（07）551-2828
旺來興	804	高雄市鼓山區明誠三路 461 號	（07）550-5991
新鈺成	806	高雄市前鎮區千富街 241 巷 7 號	（07）811-4029
旺來昌	806	高雄市前鎮區公正路 181 號	（07）713-5345-9
益利	806	高雄市前鎮區明道路 91 號	（07）831-9763
德興	807	高雄市三民區十全二路 103 號	（07）311-4311
十代	807	高雄市三民區懷安街 30 號	（07）380-0278
和成	807	高雄市三民區朝陽街 26 號	（07）311-1976
福市	814	高雄市仁武區京中三街 103 號	（07）374-8237
茂盛	820	高雄市岡山區前峰路 29-2 號	（07）625-9679
順慶	830	高雄市鳳山區中山路 237 號	（07）746-2908
全省	830	高雄市鳳山區建國路二段 165 號	（07）732-1922
見興	830	高雄市鳳山區青年路二段 304 號對面	（07）747-5209
世昌	830	高雄市鳳山區輜汽路 15 號	（07）717-4255
旺來興	833	高雄市鳥松區大華里本館路 151 號	（07）370-2223
亞植	840	高雄市大樹區井腳里 108 號	（07）652-2305
四海	900	屏東市民生路 180-5 號	（08）733-5595
啟順	900	屏東市民和路 73 號	（08）723-7896
屏芳	900	屏東市大武 403 巷 28 號	（08）752-6331
全成	900	屏東市復興南路一段 146 號	（08）752-4338
翔峰	900	屏東市廣東路 398 號	（08）737-4759
裕軒	920	屏東縣潮洲鎮太平路 473 號	（08）788-7835

東部與離島地區

欣新	260	宜蘭市進士路 155 號	（03）936-3114
裕順	265	宜蘭縣羅東鎮純精路二段 96 號	（03）954-3429
梅珍香	970	花蓮市中華路 486-1 號	（038）356-852
萬客來	970	花蓮市和平路 440 號	（038）362-628
大麥	973	花蓮縣吉安鄉建國路一段 58 號	（038）461-762
大麥	973	花蓮縣吉安鄉自強路 369 號	（038）578-866
華茂	973	花蓮縣吉安中原路一段 141 號	（038）539-538
玉記（台東）	950	台東市漢陽路 30 號	（08）932-6505
永誠	880	澎湖縣馬公市林森路 63 號	（06）927-9323

バン鍋
全自動投果料麵包機
MBG-036

鑄鋁厚內鍋
續熱好、導熱快又均勻。附專用上蓋，做各式料理。

自動投入果料及酵母
簡單清鬆可以吃到有果乾的吐司

30組選單
全智能操控、新手的一鍵完成、達人的手動行程、中式料理、西式料理完全由你掌握

結合中西式料理的全功能
西點、麵包、PIZZA、蛋糕、優格中式蔥油餅、饅頭、包子清鬆完成

雙電熱管
雙電熱管，補足麵包機上火，使麵包上色更均勻

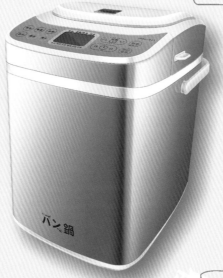

獨家專利 氣候設定
把做麵包會失敗的可能性降到最低

業界最高 二年保固
台灣原廠服務、無需登入直接最長保固買的安心、用的放心

水合法技術
水及麵粉自然的產生筋性，增加麥香味及減少因攪拌的升溫

吐司行程	手動行程	麵糰行程	美味食譜
01 吐司麵包	21 揉麵糰	12 麵包麵糰	11 奶油蛋糕
02 全麥麵包	22 烘烤	13 水合麵糰	27 麻糬
03 法式麵包	23 天然酵母培養	14 天然酵母麵糰	28 果醬
04 甜麵包	24 發酵	15 PIZZA麵糰	29 肉鬆
05 米麵包	25 發酵+烘烤	16 中式全燙麵糰	
06 超軟麵包	26 熱攪拌	17 中式半燙麵糰	
07 天然酵母麵包	30 自定義麵包	18 中種麵糰	
08 水合麵包	31 自定義料理	19 液種麵糰	
09 四季麵包	32 計時器	20 湯種麵糰	
10 快速麵包			

粉絲專頁

佳盈實業有限公司

新北市新莊區萬壽路一段21巷17弄4號　02-82003200
粉絲專頁：https://www.facebook.com/breadinside/
http://www.breadpan.com.tw　service@breadpan.com.tw

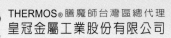

精緻好禮大相送
都在日日幸福！

活動方式：
只要填好讀者回函卡寄回本公司（直接投郵），您就有機會獲得以下各項大獎。

獎項內容：

THERMOS 膳魔師 經典鍋系列
單柄附耳炒鍋 32cm

市價 11,250 元／共 2 位名額。

THERMOS 膳魔師 新一代巧用大鍋
單柄附耳平底鍋 32cm

市價 9,500 元／共 3 位名額。

參加辦法：
只要購買《美姬老師的幸福手作立體造型饅頭寶典》，填妥書裡「讀者回函卡」（免貼郵票）於 2018 年 3 月 31 日前（郵戳為憑）寄回【日日幸福】，本公司將抽出 5 位幸運的讀者，得獎名單將於 2018 年 4 月 10 日公佈在：

日日幸福部落格：http://happinessalways.pixnet.net/blog

日日幸福粉絲團：https://www.facebook.com/happinessalwaystw

日日幸福行動條碼

◎以上獎項，非常感謝皇冠金屬工業股份有限公司大方熱情獨家贊助。

國家圖書館出版品預行編目資料

美姬老師的幸福手作立體造型饅頭寶典：全天然蔬果配
方，從基礎到創意，百變技巧一應俱全！／王美姬著．
-- 初版 . -- 臺北市：日日幸福事業出版；[新北市]：
聯合發行，2018.01

192 面；19×25.5 公分 . -- (廚房 Kitchen；60)

ISBN 978-986-95838-3-1(平裝)

1. 點心食譜　2. 饅頭

427.16　　　　　　　　　106023198

廚房 Kitchen0060

美姬老師的幸福手作立體造型饅頭寶典

全天然蔬果配方，從基礎到創意，百變技巧一應俱全！

作　　　者	王美姬
總 編 輯	鄭淑娟
行銷主任	邱秀珊
業務主任	陳志峰
主　　編	林睿琦
美術設計	何仙玲
封面設計	行者創意
攝　　影	周禎和
商品贊助	皇冠金屬工業股份有限公司、僑泰興企業股份有限公司、佳盈實業社
出版者	日日幸福事業有限公司
地　　址	106 台北市和平東路一段 10 號 12 樓之 1
電　　話	（02）2368-2956
傳　　真	（02）2368-1069
郵撥帳號	50263812
戶　　名	日日幸福事業有限公司
法律顧問	王至德律師
電　　話	（02）2341-5833
發　　行	聯合發行股份有限公司
電　　話	（02）2917-8022
印　　刷	中茂分色製版印刷股份有限公司
電　　話	（02）2225-2627
初版十刷	2021 年 4 月
定　　價	480 元

10643
台北市大安區和平東路一段10號12樓之1
日日幸福事業有限公司　收

書名｜美姬老師的幸福手作立體造型饅頭寶典　　　書號｜HAKI0060

讀 者 回 函 卡

感謝您購買本公司出版的書籍，您的建議就是本公司前進的原動力。請撥冗填寫此卡，我們將不定期提供您最新的出版訊息與優惠活動。

▶ _____

姓名：_____ 性別：□男 □女 出生年月日：民國____年____月____日

E-mail：_____

地址：□□□□□ _____

電話：_____ 手機：_____ 傳真：_____

職業：□ 學生 □ 生產、製造 □ 金融、商業 □ 傳播、廣告
　　　□ 軍人、公務 □ 教育、文化 □ 旅遊、運輸 □ 醫療、保健
　　　□ 仲介、服務 □ 自由、家管 □ 其他

▶ _____

1. 您如何購買本書？□ 一般書店（　　　　書店） □ 網路書店（　　　　書店）
　　□ 大賣場或量販店（　　　　） □ 郵購 □ 其他

2. 您從何處知道本書？□ 一般書店（　　　　書店） □ 網路書店（　　　　書店）
　　□ 大賣場或量販店（　　　　） □ 報章雜誌 □ 廣播電視
　　□ 作者部落格或臉書 □ 朋友推薦 □ 其他

3. 您通常以何種方式購書（可複選）？□ 逛書店 □ 逛大賣場或量販店 □ 網路 □ 郵購 □
　　　　　　信用卡傳真 □ 其他

4. 您購買本書的原因？ □ 喜歡作者 □ 對內容感興趣 □ 工作需要 □ 其他

5. 您對本書的內容？ □ 非常滿意 □ 滿意 □ 尚可 □ 待改進 _____

6. 您對本書的版面編排？ □ 非常滿意 □ 滿意 □ 尚可 □ 待改進 _____

7. 您對本書的印刷？ □ 非常滿意 □ 滿意 □ 尚可 □ 待改進 _____

8. 您對本書的定價？ □ 非常滿意 □ 滿意 □ 尚可 □ 太貴

9. 您的閱讀習慣（可複選）？ □ 生活風格 □ 休閒旅遊 □ 健康醫療 □ 美容造型
　　　　□ 兩性 □ 文史哲 □ 藝術設計 □ 百科 □ 圖鑑 □ 其他

10. 您是否願意加入日日幸福的臉書（Facebook）？ □ 願意 □ 不願意 □ 沒有臉書

11. 您對本書或本公司的建議：_____
_____
_____

註：本讀者回函卡傳真與影印皆無效，資料未填完整即喪失抽獎資格。